大腦持久力

IQ高、過目不忘就是頭腦聰明嗎？

腦科學家告訴你

維持「大腦韌性」更重要！

作者：毛内　拡　　　譯者：藍嘉楹

「頭がいい」とはどういうことか
—脳科学から考える

目次

第二章　不注意就無法察覺

第三章　什麼是工作能力強的大腦

第四章 不可思議的記憶形成機制

第五章　隨心所欲地活動身體

第六章　感受性與創造性

第七章　感受他人的情緒

第八章 負責大腦持久力的星狀膠質細胞

前言

本書是一本從腦科學的觀點探究「頭腦聰明是怎麼一回事」的書。在討論頭腦聰明這件事時，我已經預想到有三個可能會出現的提問：第一個是「作者說歸說，那你自己擁有聰明的黃金頭腦嗎？」；第二個是「讀了這本書就會變聰明嗎？」；第三個則是「怎樣才算聰明不是誰說了算，作者認定的標準是什麼呢？」。

首先回答第一題，我想「作者說歸說，那自己擁有聰明的金頭腦嗎？」是我免不了會被問到的問題。請容我把醜話說在前頭，我絕不認為自己是個是個聰明的人，我經常粗心犯錯，有時也得花上雙倍時間才能完成別人三兩下就做好的事。除了記憶力欠佳，我和別人溝通時也是嘗盡苦頭，要我察言觀色，講出得體的話更是難上加難。

或許有人會想：「這種人有辦法討論什麼叫做聰明嗎？」實際上，我相信愈是聰明的人，愈是不可能花心思煩惱「聰明的定義是什麼」。腦筋好的人很快就能理解的事，我一定得花時間弄清楚內容再轉成文字，才能理出頭緒。雖然這麼做很笨拙，但如果少了這樣的步驟我就無法理解。簡單來說，我一定得動腦筋思考，用自己的話寫下來才能想通。我想，正因為我想變得更聰明的渴望勝過其他人，長久以來也一直思考如何為了達成這點而努力，才有辦法提筆寫下本書。

我長年進行有關腦部的研究。所謂腦科學，是一門涵蓋範圍相當廣的學問，其中最讓我感興趣的問題是：聰明的定義是什麼？我這裡所說的「聰明」，指的不單是在升學考試中考得高分（當然這也是很重要的一部分），也包含像是動物與人類之間的差異、而人之所以為人的要素為何，這些都是我長年以來持續探索的問題。本書以腦科學的觀點出發，從多方面來探討「聰明是怎麼一回事」這個命題，並整理出目前科學所能理解的部分。

接著是第二個問題——只要讀了這本書就會變聰明嗎？或許有人會失望，但本書的內容並不包括讓人變聰明的絕招或技巧，也不帶任何魔法要素，能夠激發出蘊藏在每個人身上的潛能。本書的目標是從腦科學的觀點，把「頭腦聰明」這個籠統的概念梳理清楚。

最後是第三個問題——怎樣才算聰明不是誰說了算，作者認定的標準是什麼呢？說到聰明，很多人可能會馬上想到絕佳的記憶力和智商（ＩＱ），本書探討的不單是記憶力和ＩＱ等可以量化的智力，也包括無法以分數評價的「非認知能力」。非認知能力被視為「豐富人生的力量」，是在教育領域備受矚目的社會技巧能力，例如強大的韌性和不易受挫的心，或者是即使受挫也能夠快速振作的能力、刻苦耐勞的能力、深思熟慮的能力等。以上這幾項我接下來會在第一章說明。

上述的心理素質，全部都在腦中實現，我們感受的現實全都是大腦的傑作。我在第二章會從感官輸入、預測模式、應答這三個觀點深入探討大腦這個器官，這也是為了理解頭腦聰明程度的必經過程。接著在第三章，我會帶著各位一起看看什麼是「突觸可塑性」，這也是為了掌握頭腦聰明程度的重要關鍵。

接下來在第四到七章，我會把頭腦聰明的人所具備的特徵拆解成幾個要素，並依序介紹。第四章的主題是可能許多人都很關心的「記憶力」，其中我尤其想要提出來探討的是遺忘的重要性。第五章的重點在於讓各位知道能夠隨心所欲活動身體也是「頭腦聰明」的一部分，同時利用這個機會思考大腦對感覺、運動的表現與處理方式。第六章的主軸是以腦科學的觀點探討藝術與創造性。第七章的焦點是體會他人心情的能力、同理心與溝通能力，並探討情緒智商（ＥＱ）與社會情緒技巧。

大腦是相當耗費能量的器官，但為了持續發揮非認知能力，就必須不斷對腦中的神經細胞（神經元）供給能量，我把這種機制稱為「大腦持久力」。在這個過程中扮演重要角色的是名為「星狀膠質細胞」（astrocyte）的神經細胞，這部分也是我的專攻領域，我會在第八章介紹負責大腦持久力的星狀膠質細胞。

在最終章，除了不能免俗地把大腦與ＡＩ比較一番外，我也會針對甚麼是ＡＩ時代所需要的真正知性發表己見。如果各位也能與我一起享受在思緒的兜轉下，從錯誤中不斷嘗試、學習的過程，那我會感到很欣慰。

那麼就讓我們藉由從各種觀點檢視「頭腦的聰明程度」，踏上讓自己變得愈來愈聰明的思考之旅吧。

第一章

「頭腦聰明」是怎麼一回事

首先，讓我們想想一般人口中的「頭腦聰明」這句話。同一句話，每個人產生的印象以及對這句話的定義都不盡相同。把頭腦分為聰明與否、動不動就以二分法思考是人類的壞習慣，但是被人們稱為「頭腦聰明」的人，究竟具備什麼樣的特徵呢？頭腦聰明的人，是因為腦細胞比較多，還是腦細胞的運作方法和別人不一樣呢？頭腦的聰明與否，是否完全取決於大腦呢？希望各位不妨好好思考這些問題。

1 大腦為何存在

某位腦研究員的絕望

如果被人叫「單細胞生物」，相信一定有很多人會覺得自己被瞧不起、被當作「腦筋不好」的人。但是，單細胞真的可以和「腦筋不好」畫上等號嗎？這時，如果再被人罵「無腦」，真的會讓人火冒三丈呢。換句話說，我想多數人都以為「腦細胞多的人比較聰明」、「大腦是決定聰明與否的關鍵器官」。

一千億——這是人類大腦的腦細胞數量。一般所謂頭腦聰明，就是能夠處理由這些細胞交織出的各種複雜奇怪的資訊。所以拿起本書的各位讀者，想必也是抱著期待，想要知道大腦如何發揮智能與知性。為了有朝一日能寫出一本這樣的書，我也是花了不少時間醞釀與構思。是的，我直到那天到來之前都在磨劍。

自從在大學任教，不時會有人造訪我的辦公室。有一天，有名學生到我的辦公室來，說有事找我商量。她告訴我她從高中時就被「黏菌」這種生物的魅力深深吸引，所以拜託我以後讓她繼續在我的研究室進行黏菌的實驗。雖然聽了她的話讓我有點不知所措，但我是個無法拒絕別人請託的人，再加上自己一步步踏上腦科學家之路，也是起源於高中時產生的興趣，所以我幾乎不加思索就答應她了。但是，她的一番話也喚起了我以前學過的生物學，我心想：「我記得黏菌應該是沒有腦的啊。沒想到聽了她的話，讓我知道某件與黏菌有關的事的那瞬間，竟使我的人生觀深受震撼。

那位學生總是裝在包包裡隨身攜帶的黏菌，正式名稱是多頭絨泡黏菌，外觀看起來像一團鮮黃色的黴菌，也就是所謂的變形體。但這種變形體並非泛泛之輩，它居然有辦法找出迷宮的最短路徑。我本來以為如果只是走迷宮，實驗小鼠也解得開，但仔細一聽才知道，黏菌是單細胞，也就是只由一個細胞構成的生物。

只要經過學習，即使是只由一個細胞構成的生物也有記憶。有個研究團隊把黏菌放進培養皿中的某一個位置，代表東京車站，並在代表關東各主要車站的相應位置放置了食物，結果黏菌在覓食過程中形成的路徑，竟然和JR路線圖完全吻合。這個研究團隊陸續發現的驚人事實，讓他們憑藉黏菌的研究兩度獲頒搞笑諾貝爾獎，任教於北海道大學的中垣俊之也說：「黏菌是知性的萌芽。」

「單細胞」、「無腦」已經不再是貶義詞了，即使沒有腦依然可以學習、記憶。對於我這個把大半輩子投入在研究有一千億個細胞的大腦的人而言，這個事實可說完全顛覆了我的認知。我不禁反思，大腦是用來做什麼的？

大腦究竟為何而存在

在此之前我一直以為，只要對大腦的理解愈深，就能解開它的謎團，所以持續進行腦部的研究。但如同先前提到的黏菌這個例子，我逐漸明瞭看似有智力的行為，其實不需要腦袋也辦得到。

以蟻群和沙丁魚為例，如果單看每個個體，都是依照很簡單的模式活動，但如果擴大到彼此互相溝通的群體層面，有時就會表現出看似有智力的複雜動作，這種現象被稱為「湧現」（emergence）。由不同腦細胞交織而成的複雜舉動，說不定也不過是一種湧現現象。有人說現在街頭巷尾都在討論的ＡＩ即將引起湧現現象，也就是ＡＩ的智慧將超越人類的科技奇點已進入倒數階段。除了網路和都市，連在宇宙熠熠發光的星球都可能具有智力。

如此一來，所謂的大腦，或許不過只是一個搖籃或容器，讓由腦細胞之間的相互作用得以順利進行，孕育出網路。

當我帶著懷疑的眼光重新閱讀有關腦科學的書，發現了一些備受衝擊的事實，像是大腦所見的不一定是現實、我們看到的不過是大腦製造出來的幻想、有意識的腦比想像中的不合理等。「いんすぴ！ゼミ」是一個一起閱讀腦科學書籍的線上讀書會，每星期都會以直播的方式更新，有興趣的朋友不妨報名參加。

我決定以研究員的身分重新回到「大腦究竟為何而存在」、「如果沒有腦袋就不可能變聰明嗎」的起點。本書就是根據我不斷從錯誤中探索的過程而一一展開。

2 「知性」究竟是什麼

只研究大腦就可以了解大腦嗎

我在大學教授生理學與生物力學。具體而言，我以我的專業領域——神經生理學——為主軸，以最新的研究為論述基礎，針對各種生理現象、肌肉、臟器的生理活動，以及對動物而言運動到底是什麼來作解說。

大腦確實扮演著指揮官的角色，雖然無須我贅言，但研究得愈多，我愈來愈相信先有身體才有腦，腦是身體的附屬物。舉例而言，腸道是第二大腦的說法很普遍，但對生物而言，這才是腸道的本質，或許說大腦是第二腸道反而更為貼切。

以往我一直以為只要研究大腦就能夠了解大腦，但我現在已確實感受到那只是因為相較於其他部位，頭部顯得很大。換句話說，如果真的想了解大腦，就不能無視大腦和身體間的關聯，對身體的理解也很重要。

我的研究室最近也把腸道列入研究對象，而且因為感興趣的領域不斷擴大，所以也開始研究隨心所欲地活動身體是怎麼一回事。

雖然我對大腦的興趣依然不減，但隨著我學習的新事物愈多，心中的疑問也與日俱增。提出「大腦真的有必要存在嗎？」這種極端假設，再加以一一檢證，其實是很好玩的事。首先對一切打上大問號，最後在排除所有疑難之後，連自己都忍不住對抱持著懷疑的「我」產生質疑。能夠達到有如笛卡兒「我思故我在」的境界，我自己都心生敬佩。但是，或許連我的存在都不過是大腦編出的解釋，仍有可懷疑之處。

大腦活著是怎麼回事

若要我用簡單一句話說明我在探究的課題，就是「大腦活著是怎麼回事」。這是生物學上的問題，也是哲學問題。為什麼我敢說你的大腦活著，又為什麼我敢說我的大腦活著呢？

從事腦部研究之後，我已經很清楚大腦是由細胞組成、仰賴化學物質運作的器官。但說到細胞和化學物質究竟是如何讓大腦產生各種功能，至今仍然沒有明確的解答。毋寧說有關大腦的真相，不明之處多於已知的部分。目前已知的是，若只是漫無章法地匯集腦細胞，並不能組成一顆完整的大腦，而大腦又是由神經迴路組成，於是我依照自己的想法建立了有關腦部形成的規則、所謂大腦「活著」的定義的假設。

大腦並非只是細胞的集合體，我認為大腦要「活著」，必須建立在具備負責傳遞資訊的神經細胞網絡，以及與瞬息萬變的環境產生交互作用的前提之上。

但是，這無法成為大腦具備「知性」的理由。我認為所謂「智能」，是指有能力快速回答有已知答案的問題；而「知性」就是試圖回答沒有標準答案的事情的行為。或許只須靠著簡單的規則，就能產生出AI這類「智能」，但「知性」究竟是什麼，又從何而來，至今尚無明確的答案。

什麼是「知性」

當我們在討論ＡＩ聰明程度的時候，經常會提到「圖靈測試」，它是由有「電腦科學之父」美譽的數學家艾倫．圖靈（Alan Turing）所提出。這個測試的流程是讓提問者在不知道在房間裡的是真人還是機器的情況下提出問題，如果機器的回答讓測試者判定是人類所答，就表示機器通過測試，可以判斷為「具備與人類相當的智力」。

另外還有一項「中文房間」實驗，舉例來說，如果有人提出一定要懂中文才能回答的問題，不論房間裡的是人還是ＡＩ，即使對中文一竅不通，只要有字典可以翻譯，就能順利解答。不過哲學家約翰．舍爾（John Searle）卻對圖靈測試提出異議，因為即使房間裡的人或ＡＩ能夠操作翻譯工具，也不能說是懂中文。

不論把問題餵給Google翻譯還是ChatGPT，幾乎都能在一瞬間得到回答。說不定，就像以往的電話接線生和負責處理客訴的客服中心，或許網路的另一端也有熟練的操作員不斷忙著鍵入正確的解答。不過情況也可能剛好相反。

最近我在亞馬遜購物時遇到了一點問題，所以有機會和客服人員線上交談。客服人員都會自報姓名，讓人認為和自己打交道的是真人客服，但實情呢……還真不好說。

「電腦有知性嗎」、「電腦和人哪一個比較聰明」一直是各界議論紛紛的話題，但本書的著眼點並不是要決定雙方的高下，而是希望各位一起思考現今社會中，人類被要求須具備的知性是什麼。具體而言，「ＡＩ時代所需要的知性是什麼」就是本書的主題。

隨著ＡＩ變得愈來愈聰明，競爭心被激起，忍不住想反駁「哪有，人更聰明」是人之常情。發展至此，天才和資優教育之所以備受注目，或許可說是時勢所趨。

才能在英文中被稱為Gift，而擁有他人沒有的才能的人被稱為「天才」（Gifted）。就像日文自古就有「天賦之才」和「神童」的說法，從小就展現出連大人也自嘆不如的才能，並引起轟動的例子也時有所聞。另外，正如「過了二十歲就是平凡人」這句古老俗諺，即使年幼時表現遠超身邊的其他孩子，但是這些天賦異稟的人，那種與眾不同的感覺也往往隨著成長而日趨淡薄。

以我自身的例子來說，我的孩子小時候也曾經熱愛學習，把不斷學習新事物當作目標，讓我一度以為「我該不會生了個天才吧」。舉例而言，他比一般小朋友更早學會站立，學說話時也比同齡的孩子更會講話。但是和其他家庭交換經驗後，我才發現，原來覺得「我家的孩子真是冰雪聰明」的人不是只有我。而且就算自己的孩子比其他小朋友早學會某件事幾個月，其他小朋友遲早也會跟上進度，感覺彼此之間的差異不過是誤差。（即使如此，我還是相信我的孩子是某個領域的天才……）

想要喚醒或發掘自家孩子沉睡的天賦，可說是天下父母心，但是，為什麼大家都想這麼做呢，是因為覺得聰明就是一種優勢嗎？

ＩＱ真的是頭腦聰明與否的指標嗎

說到聰明，我相信很多人馬上想到的是智商（ＩＱ）。現在說到ＩＱ，每個人都知道這是智力測驗的得分，殊不知ＩＱ的發明原先並不是用來作為頭腦聰明程度的指標。

一九〇五年，法國心理學家阿爾弗雷德．比奈（Alfred Binet）與西奧多．西蒙

（Theodore Simon）為了鑑別出患有智能障礙而需要給予特殊教育的小學學童，而開發了一套智力測驗。當然我們都知道，有些孩子不論學什麼都學得快，也有些孩子學得慢。上述兩位開發的測驗，目的只是為了鑑別出需要特定協助的孩子，並不是為了替孩子的表現好壞打分數。

這套測驗的目的，不過是把依照其年齡的認知任務，與預期該年齡會得到的成績作比較，簡單來說，就是以精神年齡鑑定孩子的智能。

如同前述，這套ＩＱ測驗最初的理念是為了幫助智力發展遲緩的孩子。比奈本人也說過：「我希望自己開發的這套測驗，不會成為替人的優劣好壞打分數的工具。」遺憾的是，他的擔憂在他去世後成真了。

一九一六年，美國的心理學家劉易斯．特曼（Lewis Terman）修訂了比奈－西蒙智力量表（Binet-Simon Intelligence Scale），而修訂後的史比量表（Stanford-Binet Scale）也在美國發揚光大。劉易斯．特曼透過這份量表導入智商的概念，以ＩＱ＝精神年齡÷生理年齡×100的公式計算。

一九三九年，大衛．魏克斯勒（David Wechsler）開發了魏氏成人智力量表

（WAIS）。這個量表的測定部分包括語言能力與表現能力（空間認知與完成拼圖等），經過數次改版後廣泛應用至今。

接著從二十世紀初期到中期，有人開發出以多人為對象且同時進行的團體智力測驗。據說這種團體智力測驗在兩次世界大戰期間，也被軍隊當作性向測驗使用。然而，之後有多位學者指出智力測驗過於重視語文與邏輯思考，忽略了創造力、情緒智商、社交智商等其他重要的智力與能力。除此之外，也有人擔心智力測驗的結果深受文化與教育環境影響，所以從小在特定文化圈和環境成長的人，可能無法獲得公正的評價。

為什麼智商會發展得如此普及呢？毋庸置疑，它確實是一項精心設計的指標。一般公認智商跟學業成績、職涯成功具有較高的正相關性，擁有一定的預測性。基於這點，智商也經常成為判斷教育與職業選擇的適性的參考資料。

研究的結果也顯示智商與生涯總收入間具備一定的關聯性。一般而言，高智商的人，更傾向於在學業和事業上取得好成績，獲得更高的經濟報酬。不過，這種關聯性未必直接且顯著。

除了ＩＱ，生涯總收入也會受到其他眾多因素所影響，例如家庭環境、教育、社會網絡、職業選擇、勞動市場的狀況、地區、個人的努力和能力、運氣等。總之，生涯總收入取決於各種因素的交互作用，因此，我們難以從ＩＱ與生涯總收入之間看出明確的因果關係。

3 真正應該培養的「知性」是什麼

資優生的共通特質

一般對資優的定義大多是ＩＱ超過一百三十。智商超過這個分數的人，與理解抽象的概念與複雜的問題，並擅長解決問題的能力呈現正相關。他們能夠迅速學會新資訊與技術，而且在短時間內習得高階技能，在社會上自然會成為備受重用的一群人。

另外，還有一些人則是擁有強烈的好奇心，對學術、藝術等各種領域都抱持興趣，並且展現出學海無涯的學習態度，這樣的心態無疑值得尊敬。他們能夠發揮高度專注力，長時間埋頭研究和苦幹。不僅如此，他們大多具備強大的感受力，也不吝於表達自己的情感，所以在藝術和音樂等領域上也能一展長才。

因此，這些在創造性、領導力、運動、藝術等各種領域擁有絕佳天分的人，即使參加智力測驗也測不出他們在特定領域上的才能。

歷史上有很多我們現在所說的天賦異稟之人——應該說歷史正是由這些天賦異稟的人所締造——他們無不具備獨到的眼光，並且擅長以別人想不到的方法解決問題，想出創新點子和找到新發現。或許正因如此，他們不但有主見、能堅守自己的價值觀，也不會受到他人影響而堅持走自己的路。

備受注目的資優教育

為了讓資質優異的孩子們盡情發揮自己的才能，目前已經有人設立支援性質的特殊教育學程。其中較為知名的包括個別指導、較同年級學生加速學習的加速制教育（acceleration）、提高學習內容的深度與廣度的充實制教育（enrichment）等。簡單來說，資優教育的目的就是為了激發孩子與生俱來的才能和潛能。

自日本文科省宣布從二〇二三年度起啟動資優兒童的輔導專案，受到許多媒體大肆報導，也引起了廣泛討論：

以美國等其他國家的「資優教育」而言，過往的主流是以智商（IQ）為基準，並非使專業領域依賴性（domain of dependence）強的才能得到發揮的教育，但近年來的方向已經改變為培養具專業領域依賴性才能的教育，以及針對同時具備特殊才能與學習障礙的雙重特殊需求學生的教育。

另外，說到英才教育，有時難免會過於強調個人。但以具國際水準的研究成果為例，目前大多是以共同研究的形式發表，而且備受注目的是，藉由跨學科的方式結合各種不同的才能也有助於取得突破性進展。

舉例而言，具備多種特徵的學童確實以一定的比例存在。例如有些孩子不擅長單純的解題，卻善於複雜的高難度活動；也有不懂得經營人際關係，想像力卻十分豐富的孩子；以及雖然有閱讀障礙，但是在藝術上表現出色的孩子。

在學校內外，包含上述的學童在內，創造能夠尊重「每個人的存在都有價值」的環境很重要。

（文部科學省，「『個別化學習』與『協作性學習』的整合強化」中「學童發展支援」一節 https://www.mext.go.jp/a_menu/shotou/new-cs/senseiouen/mext_01512.html）

讀到這裡，我相信各位已經了解，所謂支援資優生，並不是趁早發掘具備特殊天賦的孩子，從小就開始投資。

我們一般會把「同時具備特殊才能與學習障礙的學童」稱為「2E」（twice-exceptional），意思是「雙重特殊」。說到天才，或許很多人以為他們就像擁有超能力的超人一樣，人生一帆風順；然而不少人們眼中的天才，其實備受折磨，活得很辛苦。

天賦異稟的人難以克服的問題，像是不擅長與他人溝通以及難以適應社會。因為自己的想法與具備的知識跟別人差距太大，這群人有時會覺得自己受到孤立、不被理解。再加上他們對自己的期望很高，所以感到壓力大可說是家常便飯。總之，自我要求很高的人，容易過度苛責自己和自我批判。

同時，他們所具備的敏銳感受力與豐富情感，也有可能會成為人際關係的絆腳石。有時，這也是讓他們覺得「人生好難」的原因。不僅如此，他們的好奇心大多強烈，興趣也很廣泛，所以難以集中在一件事上，但在旁人眼中，這就是所謂的好動與注意力不集中。

就結果而言，即使他們具備得天獨厚的天賦，也未必能夠充分發揮自己的才能和知性。因為無論具備再高超的智力，如果總覺得自己活得與世界格格不入，這樣的人生也稱不上幸福吧。

即使身為天資聰穎的「天選之人」，他們也未必都能得到被人另眼相看的待遇。可以肯定的是，社會並沒有建立好能讓他們「人盡其才」的體系。每個人都是獨特尊貴的存在，當然每個人都有活得像自己的權利。

何謂真正應該培育的「知性」

基於充滿了不確定性，無法預測前景，所以現代被稱為VUCA時代。

所謂的VUCA時代，指的是Volatility（變動性）、Uncertainty（不確定性）、Complexity（複雜性）和Ambiguity（曖昧性），表現了現代社會所面臨的複雜且不確定的狀況。

在全球化、科技急速發展、環境問題、政經動蕩等各種因素推波助瀾下，現代社會出現了更為明顯的VUCA特徵。企業與組織為了因應這樣的變化，不能一味沿用以往的策略與經營模式，也必須具備面對環境巨變時所需的領導能力、決策力、彈性思考與革新做法。

在VUCA時代，科技快速進化、全球化、政經局勢動蕩不安等各種因素交互影響之下，預測未來變得困難重重。因此，每個人都不應墨守成規，懂得培養能夠應付新局面、充滿彈性且具創意的因應能力很重要。

據說以下是VUCA時代所必備的技能。

1　彈性：適應變化、應付新狀況與課題的能力。

2　創造性：發想出新點子與解決對策的能力。

3 開拓的視野：從不同領域與文化吸納知識與創意、能發揮大局觀掌握問題的能力。

4 溝通能力：與他人有效溝通、共同解決問題的能力。

5 批判性思考能力：分析資訊、作出有邏輯且經獨立思考的判斷的能力。

6 自我學習能力：擁有自覺學習的意願、持續學習新知與新技能的能力。

7 領導力：帶領團隊和組織、促使眾人同心協力達成目標的能力。

8 情緒智商：理解自己與他人的感受、作出適當回應的能力。

這些技能都是無法以具體數值表示的能力，統稱為「非認知能力」、「社會情緒技巧」等，同時也引起廣泛討論。

在這樣的時代中，我把大腦對做一件事展現出強大韌性、不易受挫的能力取名為「大腦持久力」。本書接下來便以此為關鍵，為各位說明為了不被VUCA時代淘汰，什麼才是真正的「聰明頭腦」。

隨著AI物件辨識與自動駕駛技術的提升，最近神經科學領域突然把焦點放在大腦所具備的預測能力。有人說，大腦是作出預測的裝置。在這之前，眾人對大腦的認知不過是一個能夠針對輸入作出適當回應的黑箱。但現在已知得知大腦的能耐不只如此，它能完成更複雜的動作。我將在下一章和各位仔細說明，我們眼中的現實究竟是什麼。

＊第一章的小結＊

- 既然連「單細胞」且「沒有腦」的黏菌都有智力，那麼有一千億個細胞的大腦到底是為何存在，而且所謂的大腦「活著」又是怎麼一回事呢？
- 雖然很多人都做過智力測驗，但基於測驗結果的分析、尺度、文化背景等問題，這稱不上是最理想的測驗。
- 專為智商高、天賦異稟的「資優生」所設計的教育備受關注，連文科省也開始提供支援，但他們依舊覺得活得很辛苦。
- 溝通能力等社會性與情緒智商等無法透過數值測量，為與傳統的智能與技術作出區別，因而稱為「非認知能力」、「社會情緒技巧」。

● 我向各位提出「大腦持久力」的概念，作為非認知能力的象徵。

第二章

不注意就無法察覺

接下來，終於要進入腦部結構的重頭戲了。話雖如此，大小都是微米等級的腦細胞以及讓腦細胞動起來的神經傳遞物質，這兩者究竟是如何形成認知功能尚有許多不明之處，如果我一下子就切入到這些部分，想必各位也會感受到認知科學和心理學跟以細胞為單位的神經科學之間的隔閡吧。

本章把腦部視為與外部世界聯繫的介面，希望能好好思考有關它的輸入與輸出關係。或許有些人已經有個模糊的概念，知道大腦和機械、裝置不一樣，並非有輸入就必然會有輸出，但詳細情況又是如何呢？我會以腦科學的最新資訊為基礎，試著為你說明，也希望你一起思考。

1 大腦如何輸入與輸出

掌握大腦輸入與輸出的關係

假設現在你的眼前有一個箱子，如果想知道箱子裡裝了什麼，你會怎麼做呢？

應該有人會先看看箱子的外觀，然後摸摸看，或是拿起來確認有多重。或許還有人會拿起來搖搖看，聽聽裡面有沒有傳出什麼聲響。這些做法就是所謂的黑箱測試，當我們想推測一個未知的箱子裡面裝了什麼時，「先輸入再看看會輸出什麼」是很尋常的方法。就像很多人不會想太多就先拿起來搖搖看，每個人都會在自己渾然不覺的情況下進行黑箱測試。

大腦也算是某種黑箱，所以一般而言，如果提到如何加深對大腦的了解，也是先輸入，再看看會有什麼樣的輸出。大腦會對輸入發揮過濾器般的功能，長期以來都被視為一種在執行某種計算後輸出回答和行動的演算裝置（圖一）。

然而，隨著腦部研究不斷帶來新的進展，目前

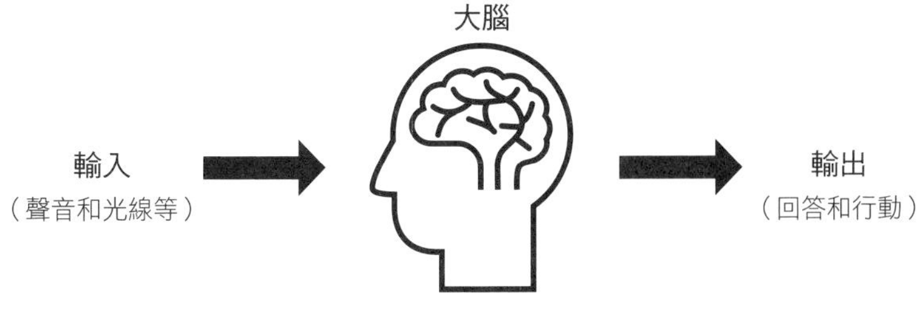

【圖一】以往對大腦的認知：大腦只是單純的過濾器和演算裝置

已經證實若把大腦視為單純的過濾器和演算裝置，可說是以偏概全。

向大腦輸入的內容，是通知身體狀態的信號，包括以聲光等五感為主的感官刺激、心跳數與水分量等。這種感知身體資訊的機制稱為「內感受」（interoception）。這些感覺都是從身體末梢向中樞傳遞的資訊，所以稱為由下而上（bottom-up）輸入。我把這種由下往上向腦部輸入、最後轉變為知覺的過程稱為大腦的**第一過濾器**、「感覺過濾器」。

目前我們已知，大腦也有由上往下（top-down）的輸入方式。大腦會依據經驗和記憶產生預測，形成腦內部模型，並在參照這些資料後進行輸出。詳情容我後述，總之，這個腦內部模型，比較接近我們感受到的大腦本質。簡單來說，由大腦自己製造的輸入時時刻刻都會進入腦部，我把大腦參照這個腦內部模式的過程稱為大腦的**第二過濾器**。

大腦會在核對由下往上輸入與由上往下輸入後，再輸出合適的回答。舉例而言，假設你打算拿起眼前的咖啡杯，首先你會以目測的方式掌握距離，接著把這個距離與運動的腦內部模型比對，再決定要用多快的速度、多少的肌力，以及該把手腕伸到多長，最後依照這些設定活動手臂肌肉。與此同時，為了避免因伸出手臂時重心往前傾而摔倒，也必須調節身體其他的肌肉。最後，如果順利拿起咖啡杯就算大功告成，但如果不小心往右偏移了十公分，就必須重新修正軌道，重寫新的腦內部模型。我剛才以運動為例，但只要是決定要如何表現由大腦拍板定案輸出的過程，我都將之稱為大腦的**第三過濾器**。

透過上述說明，我相信各位不難理解，即使只是讓身體依照自己的意願做出一個動作，也得經過非常複雜的計算。有關這點，我會在第五章作更詳細的探討。

腦針對自己作出的回答與行動，結果產生的外部環境與內部環境的變化，也會再次當作由下往上的輸入接收，這種情形稱為反饋（feedback）。

事實上，由下往上的輸入設有閘門，針對有意識處理的部分和無意識處理的部分進行篩選。對於由上往下的輸入，腦內部模型時時刻刻都在重寫，這個過程稱為學習，大腦便是根據記憶作出新的預測。

所謂腦內部模型，是一種大腦為了理解外部環境與身體狀態而產生的假想式表現。它也在預測、知覺、行動控制、學習等各種認知機能上扮演重要角色。舉例而言，利用腦內部模型，我們可以從現在的狀況預測未來的狀況、解釋感覺輸出、計畫身體要採取什麼行動。有關這點我會在第五章作更詳細的說明。

如同上述，把大腦視為單純處理輸入與輸出的演算裝置（圖一）已經是過時的模型，如果綜合前述內容，關係會變得稍微複雜（圖二）。為了方便你理解，我也會把這個關係圖拆解開來，逐一探討。

壓力反應的顯現

維持內部環境穩定是所有生物與生俱來的調節機制，這種機制稱為體內恆

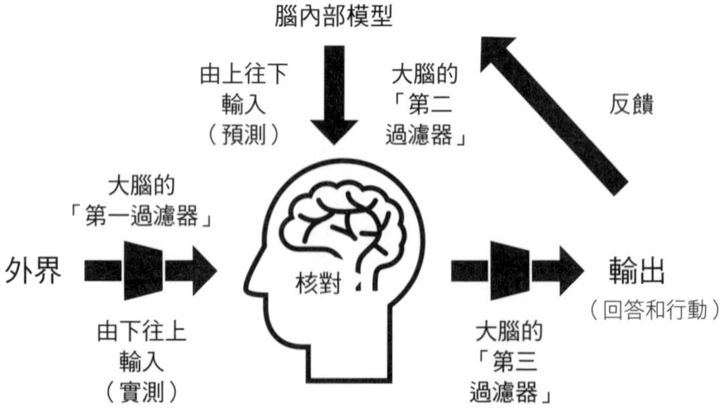

【圖二】本書對於大腦的見解：試著一步步分析「大腦的聰明之處」

定（homeostasis）。生命能夠維持，靠的就是體內恆定，適應些微的變化，藉由自身的調節機制，使體內的物理與化學環境維持在某個特定範圍。而這些多多少少的變化，在廣義上稱為壓力。

說到壓力，很多人馬上會想到精神壓力，但是，感受到光線、聽到聲音在某種意義上也會成為壓力。為適應壓力以保持恆定性而作出的回應稱為「壓力反應」，專門研究這類生理反應的學問被稱為「生理學」。我相信各位都有不少壓力反應的經驗，而所謂的壓力反應就像一本生理學教科書，將之稱為「生理學的百寶箱」也不為過。

因為身體內部要保持恆定，即使我們能感知心跳、呼吸、飢餓、疼痛、體溫變化，如前所述，我們對自己身體狀況的感覺稱為「內感受」，這些資訊都是有關我們對身體內部狀態的感覺，對掌握身體的需求會派上很大用場。

舉例而言，假設我們突然遇到虎頭蜂，各種臟器與器官都會同時反應，包括心跳加速、停止消化、汗毛豎立、肌肉緊繃、瞳孔放大等。這些反應由自律神經調節，而自律神經之一的交感神經，會引發催促我們抉擇「到底要戰鬥還是逃跑」的反應。相反，副交感神經則會促使身體放鬆、減緩心跳、恢復消化系統運作，以及產生睡意。

當我們遇到被自己視為外敵的對象時，除了上述的身體變化，我們同時也會感受到不悅、想要逃避、恐怖等感覺。這是昆蟲乃至人類等所有生物共通的原始反應，稱為「情緒」。情緒就是當大腦感知了生理反應與內感受後作出的壓力反應，而情緒除了具備促進反應，也會讓大腦將新的威脅當作恐怖記憶以作出預測，好讓我們下次更容易作出反應。

2 大腦一直努力想要「節能」

何謂知覺

感覺當然會活化大腦，不過，不是所有的感官輸入我們都感受得到，在這種情況下，會造成問題的是「意識」。很多人都以為我們可以意識到所有的感覺，但很多身體的資訊其實在進入意識之前就被處理掉了，應該說，被這麼處理掉的資訊占多數。感官訊息進入意識的狀態稱為「知覺」，一般認為，知覺主要由大腦皮質掌管；身體的各種感測器由下往上生成的輸入會送到大腦皮質，但是要成功轉化為知覺，必須先通過幾道障礙。我把這個情況稱為先前提到的**第一過濾器**，接下來會依序說明這個過程。

嗅覺以外的感官訊息，在投射到大腦皮質前會先中轉到位於腦部的「視丘」。視丘會篩選訊息，決定最後要把哪些訊息送到大腦皮質。這套機制稱為感覺門控（sensory gating），其中有大半的訊息都不會送到大腦皮質，而是在沒有感知的狀態下被處理掉。如同剛才所介紹的，當我們遇到外敵時所產生的情緒，以及基於情緒所產生的心跳加速等身體變化，都是在一無所知的情況下發生。等到之後我們對身體的變化產生知覺，才將之解釋為「恐懼」等情緒。

舉例而言，我們上了飛機以後，一開始會覺得噪音很大聲，但過了一段時間以後便漸漸覺得聲音沒那麼刺耳了。這是因為量沒有變化的感官資訊（噪音等）被大腦判定為沒必要變成知覺的垃圾訊息。相反，如果原本的噪音參雜著其他異音，大腦就會提高警覺，產生「怎麼有奇怪的聲音」的知覺。大腦的過濾機制相當巧妙，這些沒有變成知覺的訊息依然隨時受到大腦監控，但只要訊息量沒有出現變化，大腦就會認定不必特意將這些訊息轉成知覺。

雞尾酒會效應（cocktail party effect）也是另一個明顯的例子。當我們置身在人聲鼎沸的派對現場時，即使周圍一片嘈雜，難以聽清楚別人在說什麼，但是當有人叫到自己的名字，或是聽到什麼自己感興趣的事時，又會突然聽得清楚，非常不可思議。其實這也是大腦隨時都在篩選資訊，只會讓重要資訊進入意識的結果。

如果少了視丘的感覺門控，就等於少了身為人的必備能力之一。被稱為藝術家的人，和常人最大的不同之處，或許在於他們會留意一般人覺得不值一顧的事，並產生知覺。我想指揮家就是最淺顯易懂的例子，指揮家要率領起碼有幾十名成員的樂團，除了掌控樂團的節奏、維持整體協調一致，他也必須具備能夠單獨聽到長笛、小號等單種樂器聲音的能力。雖然我相信這些能力能夠透過後天訓練培養，但所謂的天才，或許就是多了一份一般人沒有的感性吧。有關這部分，我將在第六章進一步說明。

訊息是否會進入意識的基準包括變化幅度、訊息量多寡等。就像飛機上的噪音，如果一直沒有變化，知覺就無以為繼了。視覺也是如此，理論上，大家面對眼前一動也不動的全白牆壁時，應該也無法產生知覺，這是因為牆壁缺乏變化，而且不動如山。但為什麼我們能夠對牆壁產生知覺呢？原因是眼睛在動，只是動得很不明顯。如果我們一直盯著某個人的眼睛，就會發現對方的眼睛一秒內大約會振動三次，這種細微的眼部活動稱為跳視（saccades）。

不可思議的是，大腦能夠以一秒鐘三幀的頻率，讓我們看到名為「動畫」的連續影像，相信很多人對手動式的翻頁動畫都不陌生吧。就結果而言，視覺認知的依據也是「變化」。當我們開車時，眼睛的焦點之所以會到處移動，也是為了確認前方看到的影像是否出現變化。

大腦的節能與自駕模式

大腦是高度耗能的器官，基礎代謝有百分之二十都是被大腦所消耗，跟肝臟與肌肉的消耗量旗鼓相當。即使當我們在發呆、腦袋什麼都不想的時候也會照常消耗能量，所以大腦對於消耗能量這件事當然是「能省則省」。像是採用所謂的捷思法（heuristic），雖然無法保證一定能得到正確解答，但仍然能夠在一定程度上獲得接近正確答案的解答；以及依照以往的經驗和成見判斷事情，引起非理性思考並造成認知偏誤，都是大腦為了節省能量，產生思考捷徑的結果。

尤其在我們什麼也不想、沒有專注於任何事物的時候，大腦也會切換為「預設模式網路」（default mode network）。例如當我們在舒適安全的環境下進行例行工作時，幾乎毋須思考也能順利完成。或者到家裡附近的超商購物時，也不必打開手機導航或跟著路標就能順利抵達，這都是拜預設模式網路所賜。因為如果每走一小段路就要停下來思考，那麼每次都會消耗能量。

相對地，當我們置身在新環境，或是有可能發生意想不到之事的環境，就會把注意力轉向外界，對各種事情產生知覺。當我們說一個人恢復清醒時，會說他「回神」了。從腦科學的觀點來看，切換到預設模式網路採取自動駕駛的時候，是靠「我」搞定一切的狀態，但突然注意或察覺到某件事時，意識便是對外敞開的。總之，這時的狀態已經切換成所謂的「警覺網路」（salience network）模式。接著會切換成要具體解決問題的「中央執行網路」（central executive network）。有關這兩種網路的功能，我會在第六章與第七章詳細說明。

當我們離開日常，置身在新環境時，大腦就會開始活化，有效紓解壓力。大家需要擔心的是不關心外界、長期處於「心門緊閉」的狀態。我認為高度敏感當然也會成為問題，但如果完全抗拒改變，讓自己的好奇心無用武之地，長期下來大腦就會失去靈活性。為了解除大腦的「節能」模式，提升其運作效率，關鍵在於大腦的持久力。有關這點，我將在第八章進一步說明。

3 我們看到的東西其實並不存在？

看起來好像在看，實則沒看

我剛才稍微離題了，現在言歸正傳吧。接下來我再多舉幾個例子，讓你更清楚我們用眼睛看到的東西並不是原封不動地成為知覺。

最近的智慧型手機都附帶加速度感測器，對於防手震有很好的效果，就算手稍有晃動，也能順利拍出靜態照片。但是，以前的相機沒有那麼強大的功能，如果想拍出清晰穩定的照片，一定要夾緊腋下，放低重心，而且一動也不能動。

經常有人把生物的眼睛比喻成相機；如果生物的眼睛就像看到什麼就照實拍下來的鏡頭，那麼只要每動一次——說得精準一點，只要因為呼吸造成胸口起伏和頭部擺動，還有心臟每跳一次——視野也會跟著偏移幾分，那麼我們根本不可能把東西看清楚。但是，不論我們的身體晃動得再厲害，我相信應該沒有人有印象看過糊掉的影像。

這正是大腦會根據眼睛所看到的資訊來補齊不足部分的證據。透過最近的研究，我們開始知道大腦所認定的影像是過去十至十五秒看到、經平均化的影像。換言之，我們看到的，或許不過是大腦製造的幻想。

話說回來，眼睛不可思議之處本就多不勝數。位於眼球深處的視網膜，結構類似感光的底片，而光通過眼睛裡相當於鏡頭的水晶體時會聚於一點，這種狀態就是所謂的聚焦，在視網膜上最精準的聚焦處是黃斑部中心凹。視網膜分成感光細胞與感色（色覺感光細胞）細胞兩種，各司其職。感色細胞聚集在黃斑部中心凹，而黃斑部的名稱也源自其本身略呈黃色。

另一方面，我們的眼睛除了看得到聚焦的影像，還有周邊視覺。但是感測視覺的視網膜部位缺乏感色細胞，照理說只能看到黑白影像。然而我們視野所及之處，看得到的全是彩色影像。而且目前已得知周邊視覺距離中心愈遠視力就愈差，最遠的僅剩約〇．一，只能看到有如隔著毛玻璃的模糊影像。

另外，視網膜還有成束的神經纖維，負責把從感光細胞與感色細胞接收到的訊息向腦部傳遞。但這裡既沒有感光細胞、也沒有感色細胞，所以稱為「盲點」。理論上在這裡無法形成任何影像，但我們看到的影像，並沒有任何缺陷。其實，我們的視野確實缺了一部分，只要透過簡單的實驗，就能親身體驗盲點的存在，請各位用自己的眼睛試試看。

舉例而言，連上「體驗盲點」（有趣科學實驗室http://www.mirai-kougaku.jp/laboratory/pages/231013_02.php）的網站就能夠輕鬆體驗。有興趣的讀者請務必試試看。

視網膜是一張二維的螢幕，但是我們能夠透過雙眼看到立體的影像，也就是三維空間。很多人都說過大腦會重新組合現實世界，但綜合至今為止所見的事實來看，更準確地說，大腦並非重組，而是重新塑造，或許將之稱為某種幻覺也不為過。

另外，我們的知覺也包含基於腦內模型生成的預測，產生由上往下的輸入。目前已經確定從大腦皮質回到視丘的迴路，多於視丘對大腦皮質的投射路徑。換言之，從大腦皮質發出的由上往下資訊會傳送到視丘；接著，視丘再將這些資訊與由上往下的資訊組合，完成調整與選擇感官輸入的工作。以上就是大腦**第二過濾器**的實際面貌。

我們從見聞與意識所認定的現實，可說是腦內部模型的世界。由下往上的資訊，會依照各個感官系統的性能差異與感受性而改變，而由上往下的輸入，則是基於不同的記憶與經驗形成。因此，「有幾個大腦就有幾個版本的現實」這句話絕非誇大其辭。換句話說，如果我說我眼中的世界，與你看到的世界不同，其實也沒有錯。這也是為什麼我能夠深深體會到，人與人要互相了解有多麼困難。

不反應的選擇

我之前一直與各位探討的是對大腦的輸入，而輸出是截然不同的另一個領域，也就是大腦的**第三過濾器**。說到壓力反應，畢竟每個人的壓力源都不一樣，所以會表現出何種壓力反應當然也大不相同。就像同樣覺得天氣炎熱，有些人汗如雨下，也有人不太流汗，或者說，即使有所感覺，也很可能不作出任何反應。

好比有些人聽到別人說了什麼笑話，即使心裡覺得好笑也絕對不會笑出來，依然板著一張臉。例如我的祖父，他生前就是不苟言笑的人，不論遇到多麼好笑的事，也從不曾開懷大笑。但私下問過他後，我發現他實則和大家一樣，也有喜怒哀樂，只是不太會表現出來而已。

其實，別說我祖父，就連我自己，也曾經被身邊的人形容成「都不怎麼笑」、「看起來冷冰冰」。但他們有所不知，我曾無數次在心裡笑到不能自已。情緒外顯的程度，取決於每個人活動肌肉與身體的方式。但是，無論歡喜還是悲傷，如果不用言語表達出來，別人也就無從了解。

另外，人還具備抑制衝動的理性。舉例而言，在腦中掌管「想要」衝動的獎勵系統，由名為多巴胺的神經傳導物質控制，同時它也會把訊號傳送到伏隔核和前額葉皮質。因此激勵我們作出選擇、採取行動，都是為了得到更多獎勵。目前已知前額葉皮質也會向伏隔核傳送訊號，藉以抑制伏隔核變得過度活躍。具體的表現包括我們最後還是會踩剎車，不會為了追求獎勵而不擇手段，以及替他人著想，懂得「察言觀色」。

前額葉皮質的神經迴路會持續成長到二十五歲左右，換句話說，不論是神經迴路尚未發展成熟的青少年，還是迴路受損的老年人，當他們衝動行事或者因判斷狀況的能力下滑而做出不智之舉，我們也無可奈何。另外已知的是有些人因追求大腦釋放多巴胺所帶來的愉悅感而沉迷於賭博，也是因負責控制的神經迴路受損。總而言之，一個人對賭博等行為成癮，我認為原因絕非當事者意志薄弱，而是腦部運作機制出現障礙。

如同上述，反應的強弱因人而異，是否能夠克制自己的衝動、保持理性行事，也是取決於大腦的特性。有關這個部分，我會在第三章再次說明。

4 即使不用言語表達也明白

轉成語言的問題

談到這裡，我已經告訴各位，幾乎所有的感官輸入都是在無意識的狀況下被排除，只有極為少數的部分會被選上，送到大腦皮質，最後成為知覺。但是以人的情況而言，在成為知覺之前還有一關要過，那就是那項知覺是否能夠轉成語言。

有時候我們很清楚自己的身體目前處於何種狀況，也能夠順利用語言表達自己的心情。但有時候，我們也會陷入難以用語言表達、只能含糊其辭「反正就是覺得很煩」、「打從心裡無法接受」的心理狀況。這種情況會在我們無法順利將成為知覺的資訊用言語表達時發生。「難以言喻」在日常生活中是很常聽到的一句話，偏偏我們都使用語言解釋各式各樣的訊息。目前已知負責這項工作的是左半球的大腦皮質。

大腦分為右半球和左半球，不僅限於人，這是所有動物的共通之處。右腦與左腦靠著由粗大神經纖維束構成的胼胝體連接，所以，坊間流傳的「右腦人／左腦人」分類方式並不存在，但有一點似乎可以確定的是，右腦和左腦確實會分工。

這點已經透過由羅傑．斯佩里（Roger Sperry）與邁克爾．葛詹尼加（Michael Gazzaniga）鼎鼎有名的「裂腦」實驗證實。因為罹患嚴重疾病，有些患者不得不接受手術切斷來連接右腦與左腦的胼胝體。手術完成後，研究團隊請患者分別矇住右眼與左眼，並讓他看「臉」這個字。

目前已知來自右眼的輸入由左腦處理，而來自左眼的輸入由右腦處理。透過右眼看到「臉」字的受試者，能夠把所見之物化為語言理解，所以被問到看到了什麼時，便回答看到了「臉」這個字。

但是，以左眼看到文字的受試者，卻回答「我什麼也看不到」。不過，在把問題改成「請把看到的東西畫下來」之後，患者畫出了一張臉（圖三）。

一般來說，語言能力大多由位於大腦左半球的語言區主宰，所以用右眼接收資訊的患者，能夠將之轉化為語言，順利回答。但是，若改成以左眼接收訊息，因為已經無法透過胼胝體與左半球的語言區溝通，所以患者就說不出自己看到什麼，只

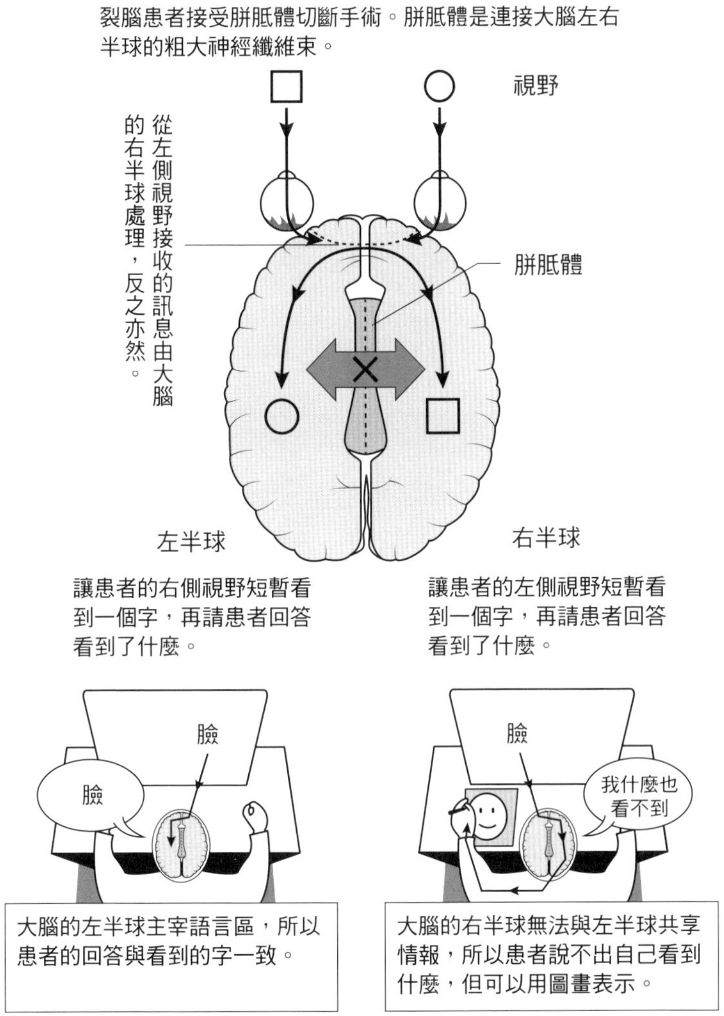
裂腦患者接受胼胝體切斷手術。胼胝體是連接大腦左右半球的粗大神經纖維束。
視野
從左側視野接收的訊息由大腦的右半球處理，反之亦然。
胼胝體
左半球
右半球
讓患者的右側視野短暫看到一個字，再請患者回答看到了什麼。
讓患者的左側視野短暫看到一個字，再請患者回答看到了什麼。
臉
臉
臉
我什麼也看不到
大腦的左半球主宰語言區，所以患者的回答與看到的字一致。
大腦的右半球無法與左半球共享情報，所以患者說不出自己看到什麼，但可以用圖畫表示。

【圖三】「裂腦」教我們的事（根據Nature ダイジェスト Vol. 9 No. 6 DOI: 10.1038/ndigest.2012.120616製作）

能回答什麼都沒看到。但是，輸入已經確實送到大腦皮質成為知覺，所以患者可以改成用畫畫來表達。

另外，研究團隊發現左腦還具備其他有趣的功能。研究團隊請受試者用右眼看雞爪的圖片，左眼看雪景的圖片，接著請受試者從一整排的圖片中挑出自己喜歡的圖片。結果在從眾多圖片中，受試者用左手拿起雪鏟的圖片，用右手挑出雞的圖片。詢問其理由後，受試者順利把理由「轉為語言」，回答道：「因為你需要一把雪鏟來清掃雞舍。」

這時，受試者的左腦雖然「不知道」右腦已經看過雪景，卻還是必須解釋左手為何會拿起雪鏟圖片。因此，大腦為了解釋自己行為的合理性，編造出一套「前後連貫的理由」。左半球這種自圓其說的處理過程被稱為「解譯器」。

透過後續的實驗，研究團隊發現左腦的解譯器非常喜歡強出頭，不論什麼事都會作出合情合理的解釋，否則不會善罷甘休。因此，即使明知是錯的，還是要繼續編故事好把事情合理化。

我相信大家也有過這樣的經驗吧，被問到「為什麼會這麼選擇呢」的時候，即使根本沒有特別的理由，也不會告訴對方「就是憑感覺嘛」，而是搬出一套冠冕堂皇的大道理。不過，我可以告訴各位一點，所謂的憑感覺作出選擇，卻打從心裡無法接受，絕對不是一時任性，而是右腦有所發現的結果。

舉例而言，假設有人出門後，大門的門把往右偏了五公分，我相信等他回到家，握住門把打算進家門時，一定會覺得哪裡怪怪的。另外，以我自己為例，我只要瞄一眼每天都會在研究室碰面的學生，就可以從他散發的「氛圍」，馬上察覺他今天有哪裡不一樣。「雖然說不上為什麼，但就是知道」的經驗已經多到數不清了（事後詢問才知道我的直覺果然沒錯，不是修了一公分的瀏海，就是換了化妝品）。

就算大錯特錯，左腦也會想辦法編出一套合理的說詞。相較之下，右腦感覺到的事都有根據，就像我們出於直覺，但難以用言語解釋的各種感受，其實是正確的反應。所以請各位多給自己一點信心！

連自我意識也轉成語言

左腦的這個解譯器，不論遇到什麼事情都有一套說詞。人類某天終於發現有一個裝置能夠應付各種壓力，幫助自己解決各種疑難雜症，實在非常方便。人類決定把這個裝置取名為「自己」，之後便利用這個裝置來確立自我意識。

我們可以把「情感」想成是藉由轉成語言來產生，身體依照外部環境的變化會產生各種情緒，但只有經過左腦的解譯器轉為語言的，才會被認定是情感。原因恐怕是把情感轉為語言，是為了學習該體驗並便於記憶吧。雖然我知道不是所有人都認同，但我們也可以說不會說話的嬰兒和動物沒有「情感」，他們有的只是伴隨著情緒的肉體變化。

情緒的英文是emotion。通常emotion會翻譯成情感，所以我們知道在日語中，情感與情緒可說沒有區別，但兩者應該要作出明顯的區分。所謂的情感、心情，在英文中被稱為feelings。Emotion由意味著「往外」的e與意味著「動作」的motion組合而成。相信各位從這裡也能看出，以讓外界看得到的形式所表現的是情緒，和屬於內在現象的情感有明顯的區分。

除此之外，為了確立自我意識，也少不了情節記憶。所謂情節記憶，就是會讓人想起「那個時候是這樣啊」的記憶。情節記憶的確立在兩到三歲，一般推測原因是把自己的經驗轉為語言是不可或缺的事，所以情節記憶會跟著語言習得一起發展。有關情節記憶，我會在第四章再次說明。

為什麼我們會認為不會講話的嬰兒和動物也有自我意識、擁有情感呢？理由與隨著人類腦部發展所獲得的「心智理論」——具體而言就是發揮同理心與意圖推論的能力——有關。我會在第七章詳細說明這一部分。

無論如何，最後要如何轉為語言的都是「自己」；面對外部環境變化所湧上的情緒與生理變化，決定該用什麼說詞解釋是左腦解譯器的工作。換言之，兩者各自具備不同的大腦過濾器。

轉為語言的過濾器以個別的經驗與記憶為依據，所以每個人的過濾器都是獨一無二。這種情況就像是在一瞬間搜尋最能夠精準說明該情況的話語再套用進去。

大腦是生成模型嗎

這幾年以ChatGPT等為代表、大行其道的大型語言模型（ＬＬＭ），能夠從上下文的連貫性選擇最精確的文字來寫出一篇文章。其基本設計是讓大型語言模型閱讀並學習大量過往的文獻資料，並以這些資料為基礎，針對問題以最精準的文字，生成最正確的解答。

如同我至今為止的論述，我們能夠感知的，大半是經過左腦的解譯器所轉化為語言的訊息，說穿了，我們或許不過是不斷依據由過去的記憶與經驗所生成的預測，來作出看似最合理的回答。

我認為我們口中的「心」，就是透過語言所生成的情感。換言之，心不過是透過語言產生的現象。如果真是如此，那就代表最會寫文章的ChatGPT也有心。一旦將言語表達的功能加以外化，那腦就不再是唯一的心。「心的時代」結束後，等待人類體驗的會是什麼樣的時代呢？我認為我們有必要思考大腦為何存在，有關這點我打算留在最後一章討論。

＊第二章的小結＊

- 大腦不是單純的演算裝置，應該將之視為有能力作出更複雜的動作與學習、進行預測的裝置。
- 大腦不會感知所有的感官輸入，而是先透過視丘的感覺門控篩選訊息，優先把變化和資訊量多的轉化為知覺。
- 大腦的目標是節能，不會意識到所有的感官輸入並加以處理，而是依照情況將注意力轉向不同的訊息。我們感知到的是基於大腦創造的全新世界樣貌。
- 被挑選出來的部分感官輸入會在大腦皮質轉換為知覺，但不論是否被轉化為語言，都是依據個人經驗與記憶所生成的特有現實。

第三章

什麼是工作能力強的大腦

頭腦聰明與否，一定和大腦的工作能力脫不了干係。雖然大腦同樣是由細胞組成、靠著化學物質運作的器官，但具體而言，所謂工作能力很強的大腦，到底須具備什麼條件呢？本章的重點是以組成神經網絡的神經元之間的突觸傳遞，與其傳遞效率的可塑性為觀點，藉此深入探討頭腦聰明的本質與其一生的變化。

1　大腦真的會變僵硬嗎

頭腦僵硬和頭腦柔軟有彈性是什麼意思

人的想法隨著年齡增長變得愈來愈不易改變，甚至被周圍的人形容成「老頑固」的情況並不少見。我相信各位面對固執己見的人，應該都有過忍不住想向對方大喊「你這顆石頭腦袋」的經驗。有趣的是，提到思考的彈性，日本自古就有一些包含「頭」的慣用語；以科學的觀點而言，以頭腦的軟硬表示變通與否，也算是非常恰當的比喻。

這裡所說的頭腦軟硬，雖然指的是大腦沒錯，但從科學的角度而言，大腦的軟硬又是怎麼一回事呢？事實上，根據最新研究，一旦人上了年紀，停止挑戰新事物，大腦在物理上真的會變硬。

大腦同樣由細胞組成，而眾所皆知的是腦細胞之間會互通訊息。以腦部細胞功能的觀點而言，所謂「頭腦很柔軟」，指的是腦細胞之間的溝通很順暢，效率良好。

在腦內形成網絡的腦細胞稱為神經細胞（神經元），人類的大腦約有一千億個神經元。說到細胞，很多人馬上會想到一顆顆圓圓的細胞，但腦細胞的特徵是長得像一棵樹，有很多突起。其中一種細胞的突起非常細小，稱為樹突，它的功能是接收來自其他神經元的訊息。

另外，神經元都有一條稱為軸突的細長突起，類似傳輸訊號的纜線，負責把訊號傳送到其他細胞。有些軸突很長，甚至能夠將訊號傳遞給一毫米外的細胞。神經元細胞全長約五微米，如果把它放大成網球大小，那就表示它的傳訊距離達兩到三公里，神經元傳送電訊號的速度可達每秒一百公尺。

講到這裡，有一點很容易被誤解的是，電訊號並不是原封不動地傳送到下一個神經元。大部分神經元都是藉由釋放化學物質，把化學訊號轉換成電訊號（目前已知也有直接傳送電訊號的傳訊類型）。另外，這裡所說的電訊號，和一般只要把插頭插進插座就會通電是毫不相關的兩件事。從大腦直接取出電來發電，光想就知道難度很高。不過，我們可以利用測量電流的機器量測大腦的活動，所以說大腦是靠電活動運作也沒錯。

神經元產生的電活動稱為「神經脈衝」（nerve impules），也稱為「動作電位」（action potential）。業界有時候會稱之為fire，或說spike，反正指的都是神經元的電活動。

神經元的訊號傳遞，實際上是依靠神經元之間的連接點產生的化學訊號傳遞訊息。神經元之間的連接點稱為突觸，用於神經傳遞的化學物質稱為神經傳遞物質，而透過神經傳遞物質進行訊號傳遞的則稱為突觸傳遞（化學突觸傳遞），一個神經元存在數千到數萬個突觸。

目前已經確認的神經傳遞物質超過一百種，不知道你是否聽過有助身心恢復平衡的血清素；讓我們期待獎勵、情緒變得高昂的多巴胺；能夠提振精神、充滿活力的正腎上腺素等。一般認為突觸傳遞才是跟我們每個人的性格氣質、運動能力與智力等相關的要素。

神經元的電訊號傳遞不會衰減

突觸由一對神經元組成，傳遞訊息的神經元稱為突觸前神經元，而負責接收訊息的稱為突觸後神經元。突觸前神經元與突觸後神經元之間有二十至五十奈米左右的空隙（突觸間隙），所以動作電位會在這裡暫停。由突觸前神經元釋出的神經傳遞物質，會通過突觸間隙擴散開來。

突觸前神經元靠產生動作電位，藉由軸突傳遞電訊號，這時它想傳送的訊息是「這裡產生電流」。所以在一毫米的距離內，讓電流不會在傳導過程中流失很重要。

和金屬相比，軸突本身的導電性不是很好，所以電流通過後，電位的傳遞馬上就會衰減。我們在外面抬頭就能看到的電線，大多採用銅線，但還是很難做到傳輸性能完全不衰退，多少會產生一些耗損。但是，在腦內產生的電訊號如果在傳遞途中耗損殆盡而無法抵達目的地，那就糟糕了。所以在神經元的軸突上，運用了一個巧妙的機制，可以減少訊號傳遞的衰退。

神經元的動作電位，跟細胞內側與外側的鈉離子、鉀離子等離子濃度的變化息息相關。神經元接收到刺激後，細胞內外的離子平衡瞬間產生改變，導致電流的流動出現變化。在軸突上傳遞的訊號是「局部細胞內外的離子平衡出現變化」，所以會出現骨牌效應，引發接續性的電位改變與傳遞，因此不會衰減。

突觸前神經元的末梢含有負責儲存神經傳遞物質的突觸小泡，而突觸小泡會與細胞膜的一端融合，引發電訊號。說到融合，只要想像兩個一大一小的泡泡互相接觸，最後融為一體的樣子就差不多了。這個過程稱為「胞吐作用」（exocytosis），突觸小泡便藉機將神經傳遞物質釋放到細胞之外。

直接傳遞電訊號明明快速得多，為什麼還要特地轉換成化學訊號再傳遞呢？而且，胞吐作用的過程還會發生一至兩毫秒的延誤。即使如此還是要利用神經傳遞物質的原因，可說是為了讓訊號的質產生變化。目前已確認的神經傳遞物質種類超過一百種，其中有些可藉由傳遞活化鄰近的細胞，也有些能夠抑制細胞的活動。另外，有些能造成瞬間的強烈刺激，而有些會帶來持續性的活動。所以依照用途使用不同的神經傳遞物質，可以提升訊號的多樣性。

除此之外，身為接收方的突觸後神經元，也具備接收神經傳遞物質後，使其在細胞內部產生化學變化的受體。受體的類型也相當多元，不一定以一對一的形式對應神經傳遞物質，即使針對同樣的神經傳遞物質，也會作出不同的反應，以表現訊息的複雜度。

突觸後神經元有一個稱為樹突的樹狀突起物，用來接收其他細胞傳送的訊息。樹突上還長著密密麻麻的突棘（spines），是形成突觸的主要部位。一個神經元有數千到數萬個突觸，而神經元就是靠著每一個突觸電位的加總統和訊息，以電訊號的型態把訊息傳給下一個神經元。

突觸可塑性

更值得玩味的是，目前已經證實突觸傳遞的連接強度並非一成不變，而是會依照狀況調整強弱，而且具備長期增強與抑制的性質。一般認為，為了改變突觸的傳遞效率，不是增加每次釋放的神經傳遞物質的量，就是增加可接收的神經傳遞物質的量，而目前已經證實兩種方法是並行的。目前也已確認突觸後神經元的突棘有時會變大，藉由這些方法使存在於每單位面積的受體數量增加，就可以一次處理大量的資訊。

上述現象統稱為「突觸可塑性」。可塑性的英文是plasticity，和質地柔軟、可任意改變形狀的塑膠（plastic）有著同樣的語源。突觸也具備可塑性，可依照狀況改變傳遞強度。

這種可依照狀況而彈性調整的狀態，其實就是大家口中常說的「頭腦柔軟有彈性」。長期改變傳遞效率的現象，稱為長期增強，被認為是學習與記憶的基礎。

2 提升學習效率的規則

大腦具有兩種學習規則

為了提高學習效率，找出正確的突觸，提高傳遞效率是關鍵所在。已經有人發現了箇中原理，而且出乎意料地簡單。

簡單來說，心理學家唐納・赫布（Donald Hebb）提倡的學習規則，就是強化頻繁使用的突觸，弱化不常使用的突觸，這套學習規則被稱為「赫布型學習」。連目前主流的ＡＩ演算法——類神經網路——也是採用這套簡單的學習方法。業界把神經元產生動作電位稱為「發射」（fire），所以談到赫布的理論時，經常會用「Fire together, wire together」（一起發射訊號的神經元就會連結在一起）這句話作為總結。

最近也有人倡導其他的學習規則。塚田稔是日本的腦科學家，他所倡議的「時空間學習規則」主張即使突觸後神經元沒有產生動作電位，但只要複數的突觸前神經元同步輸入，就可以提高連接強度。人工智能學者傑夫・霍金斯（Jeffrey Hawkins）也提出其見解，他認為提高突觸前神經元的同步性輸入的狀況才算是「預測」。

為了達到同步性輸入提高的環境，可能因素很多，包括樹突會積極引發細胞活動，或者是刻意使細胞外的離子平衡出現局部性變化，也或是使樹突的電位出現變化等。目前尚未釐清哪一種說法才正確。總之，我們正在談的，是一個肉眼看不見的微小世界。

大腦的自駕模式

突觸可塑性會隨著年齡的增長降低。大腦的原則是節能第一，所以如果每次輸入都要改變突觸傳遞的效率，反而會消耗更多能量。因此，目前已經證實，為了避免對當事者而言重要程度沒有太大變化的訊息輕易被增強和丟棄，它們就會像打石膏一樣覆蓋在突觸的外側，這就是大腦在物理上會隨著年齡增長而變硬的理由。

我們長大成人後，或多或少都會發展出一套既定的行為模式，換句話說就像大腦的自駕模式。舉例而言，當我們前往家附近的超商時，如果沒有發生特別的事，就不會產生新的記憶，也不會學到新的事物。或者說，我們可以把已經定型的腦部反應模式稱為「常識」。但最重要的是，大腦的可塑性是可以持續發展的終身事業，所以請各位千萬不要放棄。

相反，對小朋友的大腦而言，凡事都很新鮮，不論是記憶還是學習新事物都還有很多空間。這個時期稱為敏感期（或稱發展臨界期），會持續到七、八歲。如果把握這段智能發展的黃金時期，舉例而言，即使是雙親都是日本人的小朋友，只要在美國生活，他就可能把英語說得像母語一樣。

我們的大腦天生被設計成富有彈性，能夠依照目前所處的環境改寫迴路。例如，假設有人因為某個原因導致視覺出現障礙，他也能夠依賴其他感官，讓自己的生活與常人無異。目前已知有關語言這類一旦定型就不容易改變的部分，迴路很早就固定下來，一般認為這也是敏感期的運作機制。

年幼時期的大腦迴路，並不是依照需求而建立，而是大量預先建立，再從中選出需要的迴路。這個看似浪費資源的過程，稱為「修剪」。把迴路「減少」到適當的數量，對神經迴路的定型有其必要。

不主動嘗試體驗就看不到

話說回來，是不是只要在嬰幼兒時期整天播放英文兒歌，就能讓孩子說得一口流利英文呢？我想現實恐怕和各位的想像有出入，這點已經從一項知名的實驗得到證實。

實驗團隊找來兩隻剛出生的幼貓，一隻能夠自由行走，而另一隻則讓它坐在與自由小貓綁在一起的小船裡，無法自由活動。請想像一下，在這種情況下成長的兩隻小貓，長為成貓後，它們的視覺會有何發展呢？令人意想不到的是，即使兩隻貓的眼睛都是睜開的，比起能夠自由行走的貓發展出正常的視力，活動範圍僅限於小船上的貓，視力並沒有獲得良好發展，無法正常視物（圖四）。

換句話說，為了讓大腦發揮正常的功能，經驗是不可或缺的重要一環。這裡指的不是單純的經驗，而是「積極主動的」體驗。所謂積極主動，背後也包含著多次從錯中學習、無數次的失敗經驗。

如前所述，大腦是作出預測的器官，而且透過以往的經驗，形成腦內部模型，讓人知道世界呈現何種樣貌。預測與實測會出現誤差，所以資訊天天都在更新。這也是為什麼一般認為無論累積了再多經驗，如果少了適當的反饋，腦內部模型的功能就無法充分發揮。

很多人都認為音樂和英文的能力要從小開始培養，但不論是哪方面的才能，都必須具備主動採取行動的經驗。出生沒多久的小嬰兒，醒的時候不是吃手手，就是看到什麼東西都亂丟一通，這些都是他們透過不斷犯錯而逐漸學習的過程。嬰兒牙

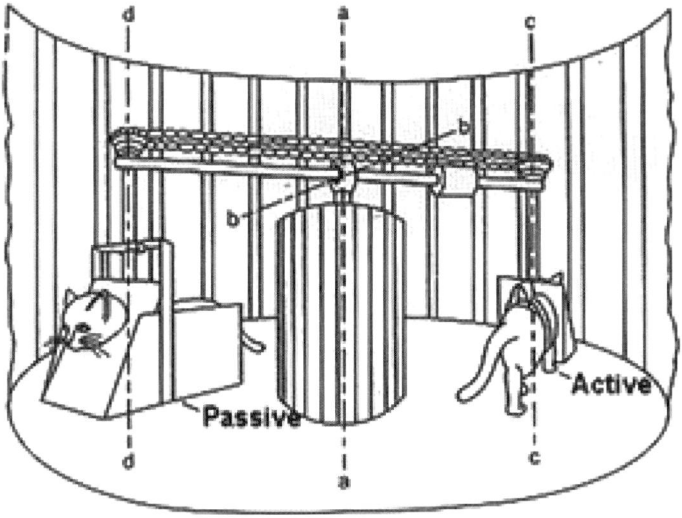

【圖四】主動採取行動的小貓和被動的小貓（改編自Held and Hein, *Journal of Comparative and Physiological Psychology,* 1963）。

牙學語的聲音，雖然沒人聽得懂他在說什麼，但這也是從錯誤中學習的過程，請家長千萬不要打斷他。有關能夠讓身體活動自如的運動學習的研究，我會在第五章詳細說明。

社會性也有敏感期嗎

最近幾年已經證實社會性方面的能力也有敏感期，這點是基於一九五〇年代心理學家哈利．哈洛（Harry Harrow）以猴子進行一連串實驗後，得到的舉世震驚的結果。哈洛讓小猴子從小與母親分離，把它單獨飼養在籠子裡，並提供兩個玩偶，一個是鐵絲製成的代理媽媽，另一個是用柔軟絨布製作的代理媽媽。他希望從小猴子的選擇了解依附的本質，結果小猴子自始至終都選擇絨毛媽媽當作避風港，由此也證實了肌膚接觸在幼兒期的重要性。

在隔離狀態下被飼養的小猴子，精神處於極不穩定的狀況，只要受到一點驚嚇就會立刻陷入重度憂鬱的狀態中，或是拒絕進食。更值得玩味的是，從小在與外界隔絕的環境下長大的小猴子，即使在長為成猴後回歸猴群，也無法融入其中、建立正常的社交關係。這些猴子對異性毫無興趣，也不知道如何交配。繁殖下一代是生物的本能，照理說可以無師自通，但是它們連本能都會被後天的環境左右。

透過哈洛的實驗我們可以知道，一個人在年幼時期與照顧者保持肌膚接觸、與外界保持互動極為重要。一旦錯過，很可能從此就難以與他人建立良好的人際關係。人在年幼時期，如果與雙親、家人、朋友的相處少了各種不斷摸索與失敗的經驗，就無法培養出良好的社會關係。如果大人從孩子還小時就鼓勵他先專心「念書」，告訴他長大再交朋友也不遲，那麼等到孩子長大成人，很可能會發現大勢已去。我認為交朋友比培養音樂、英文的實力更重要。

我相信各位對「想要練成英文耳要趁早」、「大腦無法吸收」等說法都不陌生，因此，想學樂器的人一定要在幾歲前開始、幾歲是最適合學習英文的年紀等，永遠是大家踴躍討論的話題。正如「天下父母心」這句話，想要把自己的孩子培養成天才，或者是不想讓孩子像自己一樣走冤枉路可說是所有父母的期望。但是，對人，尤其對小朋友而言，多多嘗試失敗的滋味很重要。希望各位父母盡可能為孩子提供讓他主動從錯誤中學習的環境，而且不要主動告訴他答案。不論你是父母、上司還是指導者，放手讓對方去試，或許才是正確的做法。

3 年輕時的智力與上了年紀後的智力

流體智力與晶體智力

我認為我們應該把年齡增長與老化視為兩種不同的現象，把一切負面的變化都推給年齡增長是不值得鼓勵的事。不過，我認為上了年紀以後，智力與記憶力確實會衰退，原因如同前述，因為突觸可塑性會逐漸降低。我相信「上了年紀以後，記性變得好差」是不少人共通的心聲，但是很多人不知道的是，想不起來小細節，正是你有用對腦的證據。關於這點，我會在第四章詳細說明。

目前已經證實推論能力等智能在二十五歲左右達到顛峰後會開始下滑，這是根據比較了各種年齡層的推論能力的表現後，發現年輕人的平均表現較高，而年長者的整體表現偏低所作出的結論。不過，長年追蹤同一個人後，意外發現其智力一直保持平穩狀態，甚至也得到在六十歲左右會出現小高峰，之後呈緩慢降低的數據。換言之，一個人終其一生的智力可說是保持穩定。

這點也會因智力測驗的方法有別而出現變化。

舉例而言，年輕時，為了應付新問題與突發狀況，能夠派上用場的抽象思考能力和推論能力處於高峰，但到了成人期後期就持續下滑。相對地，透過學習與經驗得到的知識與技能，尤其是語言能力與推論能力，直到高齡都還會持續提高。美國心理學家雷蒙德・卡特爾（Raymond Cattell）把這些能力分別命名為「流體智力」與「晶體智力」，並主張老化並非只會造成能力衰退。

記憶的再生能力和資訊處理能力傾向於在年輕時有更好的表現，但說到語彙與知識，絕對是經驗豐富的長者無敵。上年紀的另一項優勢是，下決定的時候，比較不容易被不安、抑鬱和憤怒等負面情緒牽著走。當然，流體智力會隨著年齡增長衰退，但相對地，年長者也比較能以宏觀的角度看事情，而且社會推論能力也更強，即使面臨困難的局面，也能陳述出見地。看到這樣的表現，年輕人也只能自嘆弗如了。總之，上了年紀也不全然是壞事。

強韌的可塑性

如同剛才我以嬰兒為例的說明，不斷從錯誤中嘗試，使大腦的預測模式隨時產生變化，有助於強化腦部。真正聰明的人，即使面對困境，也始終保持兢兢業業的態度，迎接挑戰。歷經這一切所獲得的學習與記憶很持久，不會輕易消失。我把這種「靠著不斷改變自己而承受得住變動」的可塑性稱為「強韌的可塑性」。

為了養成堅持不懈的能力，關鍵在於大腦的持久力。有關其運作機制，我會在第八章再次說明。

想要擁有強韌的可塑性，先決條件是我們必須處在能夠包容失敗的社會中。有些國家有這樣的說法：你不能放心投資從未經歷失敗的人。只要把失敗當作是能夠豐富腦內部模型的經驗，那麼從未嘗過失敗滋味這件事，在我眼中反而是尚未成熟的象徵。希望各位不要短視近利，只想著「時間效益好不好」，而是願意持續思考很難一下子就找到答案的問題。因為這麼做可以提高大腦的可塑性，使思考更具彈性。視情況需求靈活應變、改寫迴路的本事，是現在的電腦根本還辦不到的事。

大腦具備的突觸可塑性，以依照經驗強化某些迴路、也弱化某些迴路的連結模式維持。這個連結模式才是記憶的根源，而藉由人為介入活化特定的神經迴路，也能夠想起特定的記憶。我會在下一章深入探討何謂深植於突觸連結模式的記憶力。

＊第三章的小結＊

- 神經元透過樹突接收訊息，並經由軸突向其他細胞傳遞訊號。藉由化學性突觸可傳遞多樣化的訊息，維持腦部功能。
- 突觸傳遞具備依照狀況而改變效率的性質，稱為「突觸可塑性」。其柔軟性跟頭腦的彈性與長期增強息息相關，也成為學習與記憶最重要的基礎。
- 為了促使腦部功能發展，主動採取行動的經驗與多次從錯誤中學習至關重要，而社會性發展的必備條件是一個人與雙親、他人的身體接觸與社交互動。

- 年齡增長與老化是兩種不同的現象，雖然有些能力會隨著年齡增長而衰退，但透過經驗與知識累積的其他智力仍會持續發展，所以年齡增長並不代表所有的能力都會下降。
- 大腦透過經驗使預測模型發生變化，並從反覆摸索與常識中獲得成長。在這種情況下獲得的學習與記憶很持久，稱為「強韌的可塑性」。

第四章

不可思議的記憶形成機制

如果聽到有人告訴你「我可以幫你提升或改善一項腦功能」，我相信很多人的首選都是「我想提升記憶力！」。我相信正在閱讀本書的讀者一定有不少人在年輕時都擁有過目不忘的超強記憶力，而且大腦就像一塊超級吸水的海綿，不斷吸收各種資訊。擁有超強記憶力的人就像獲頒了一枚無形的勳章；不論被問到什麼都能立刻回答的人，也會享有「行走的百科全書」的美譽。簡單來說，「記憶力好」幾乎可說是頭腦聰明的代名詞。但很多人不知道的是，頭腦真正聰明的人，比起記憶，其實更擅長遺忘。本章將與各位一起深入探討記憶的不可思議之處。

1 記憶有各式各樣的種類

將記憶分類

記憶並不完全由知識組成。聽說我小時候會記得一些早已被大人忘得一乾二淨的事，例如有一次，我向家人提起「我們以前去那裡吃過飯吧」這件他們已不復記憶的事，但聽完我的描述，他們才很訝異地說：「好像有這回事耶，虧你還記得這麼久的事。」不過，這項「特異功能」到現在已經完全消失了……記憶力強的人，不但記得住各種生活中的插曲，連當時的氛圍與感受也記得一清二楚。屬於「那時候真的是那樣」類型的記憶，稱為情節記憶。

除了情節記憶，記憶還有不少其他種類。以下為各位稍微說明記憶的分類。

首先，記憶可大分成「短期記憶」與「長期記憶」兩類。所謂短期記憶，有點類似只能用一次的動態密碼，因為這類的記憶事後很快就忘記了。以前我會用撥打電話舉例，因為打電話前得先記住號碼，但到了最近，幾乎沒有人打電話還在背號碼了。短期記憶的維持時間只有兩到三分鐘，所以覺得自己什麼事也記不住，常常遇到類似「等一下，我現在要做什麼」情況的人，其實是暫時欠缺短期記憶所致。

相對地，一旦記住就永遠記得的記憶，稱為長期記憶。長期記憶的種類不少，例如歷史年代和數學公式等眾所皆知、普遍不受爭議的事實的記憶，稱為「語意記憶」（semantic memory）。另一方面，想起「當時情況」的記憶，就是「情節記憶」。這些記憶都能夠以言語表達，有時又稱為「陳述性記憶」和「宣告記憶」。

在各種記憶之中，有些很難用言語表達。舉例而言，你是否曾經有過類似的經驗：你很久沒騎腳踏車了，原本有點擔心已經不會騎，沒想到一騎上車竟發現自己「寶刀未老」，完全得心應手。這種情形只有一種可能，那就是「身體還記得」。這類記憶稱為「程序記憶」（procedural memory），其特徵是無法以言語表達，所以又稱為「非陳述性記憶」、「非宣告記憶」。或許大家會覺得這些用語聽起來很陌生，但如果改成「內隱記憶」，是不是就覺得容易理解了呢。

潛在記憶是在非意識的情況下產生，例如只要某種特定的聲音響起就會出現特定反應的固定反應模式，最有名的例子是「巴夫洛夫的狗」。這個實驗的內容是巴夫洛夫只要搖完鈴鐺就餵狗，久而久之，即使只搖鈴鐺，狗也會流口水。這種制約行為也稱為古典制約和反應制約，經常成為討論學習過程時的例子，我認為把它視為潛在記憶的一種也沒有問題。

另外，你在看過「章魚燒、道頓堀、吉本新喜劇」這行字以後，再看到「大○……」，是不是很想在○裡填上「阪」這個字呢？其實在日文中，以「大」開頭的詞彙多得是，像是大塚、大漁（意思是豐收）……這種記憶稱為「促發記憶」

（priming memory），也就是先前接收的刺激會影響腦中的一種記憶聯想。

另一方面，前面介紹的陳述記憶能夠轉為語言，所以是一種有意識的、能夠重新回想起來的記憶。這種記憶和潛在記憶呈對比，也稱為「外顯記憶」。

記憶不是記錄

說到記憶，它經常被拿來與電腦的記憶體相比——電腦的記憶體也分為隨機存取記憶體（RAM）和永久保存數據的硬碟。我還在當學生的時候是CD－R的全盛期，但儲存容量只有七百MB。等到儲存容量達四．七GB的DVD－R登場，雖然實際儲存容量沒那麼多，但大家還是趨之若鶩（GB是MB的千倍）。

接著是USB的快閃記憶體登場。我大學畢業時，學校送了一支隨身碟當畢業禮物。容量是一GB，但要價直逼一萬日元，到現在我仍記得當時收到這份禮物時有多麼興奮。但是幾個月後，一GB已經不夠看了，因為三GB和五GB在市場上早已氾濫了，一GB的隨身碟身跌到僅需幾百日元就買得到了。到了現在，一GB的隨身碟已經是老古董了，因為它連一部長一點的影片都儲存不了。

目前的主流儲存裝置包括以TB（TB是GB的千倍）為單位的可拆卸式快閃記憶體（SSD，也就是所謂的固態硬碟）和SD記憶卡，說是人手好幾張也不為過。而且，只要訂閱雲端服務方案，就可以省去隨身攜帶硬碟的麻煩。

這樣的發展經常被提出來討論的是：大腦的記憶容量是多少TB呢？。我調查之後發現眾說紛紜，目前還是處於無解狀態。會有這樣的結果其實也不讓人意外，畢竟腦的記憶容量，就性質而言與電腦硬碟截然不同。我所說的差異並非大腦的可能性有無限大，只是它的記憶和單純記錄的性質完全不同。

追根究柢，我們的記憶並不像手機相機一樣，不論看到什麼、聽到什麼都原封不動地記錄下來。大腦會連同所見所聞時的狀況、身體狀態、周邊訊息，以及從上述項目產生聯想但並無關係的資訊一併記錄下來。舉例而言，有時候只要想到某個歷史年號，我們就會想到同時期的哪位武將的名字，以及以那位武將為主角寫作小說的作家名字，甚至還會想起當初閱讀時的感受。

這一連串的回想對我們而言是極其自然的事，我相信你也毋庸置疑認同這就是記憶的功能。如果我們問AI「坂本龍馬的忌日是哪一天？」時，AI回答的開場白居然是「我永遠忘不了我在十四歲的夏天，第一次讀到司馬遼太郎的小說……」，相信很多人一定是滿頭問號吧。但是，我剛才假設ＡＩ回答的那段話，卻是很多人共通的經驗，說不定也包括你。由此可以證明，隨著人生經驗的累積，想要表達的記憶也會不斷增加。

說到情節記憶，請各位回想一下，當你想到過去的自己，大多時候記憶中的影像是不是也包含你自己？但照理說這樣的記憶根本不可能存在。

更值得玩味的是，記憶不只是在記住的當下，連回想時都會再次改寫。也就是說，會把上一次回想時發生的事加進原本的回憶。所以，傷心的回憶會隨著回想次數增加，離原始版本的記憶愈來愈遠。照這個道理推論，如果想要永久保存甜蜜的回憶，說不定盡量不要回想比較好。但是相對地，太過不堪、恨不得不要想起來的記憶，也會被大腦視為無用之物而被抹去。

綜合上述內容，只要想起，記憶就會重新全部改寫是很中肯的看法。總歸一句話，把記憶當作是大腦的創作也不為過；甚至有人主張，所有的記憶都不是真正的事實。

我們的大腦，就是依據這些虛幻又不堪一擊的記憶與經驗形成預測模型，也就是第二個過濾器，再把它與透過感覺器官接收的實測值比對，產生新的預測。雖然並非改寫預測模型，但當作依據的記憶原本就不可靠，所以很容易錯誤解讀或會錯意，導致作出錯誤的判斷。相信你也會同意「這種事也不是不可能發生」吧。

2 記憶在大腦的何處形成

掌管記憶的海馬迴

說到海馬迴，最為人所知的就是它是負責儲存記憶的區域，甚至說這一點是一般大眾對海馬迴的唯一印象。不過，目前已經證實海馬迴主要負責的是短期記憶與空間記憶。

海馬迴一舉成名的契機是一位縮寫名為H. M.的病人的大腦。H. M.去世後，其本名亨利・莫萊森（Henry Molaison）才被公開。他為了治療從小罹患的癲癇，接受了切除海馬迴的手術。幸運的是手術很成功，明顯改善了癲癇的症狀，但是失去一切短期記憶的悲劇也同時降臨在他身上。H. M. 的記憶只能維持幾分鐘，之後就一切歸零。我想看過電影《記憶拼圖》（*Memento*，二〇〇〇年／美國／克里斯多福．諾蘭導演）的人大概能夠想像這是什麼情況。電影中主角為了提醒自己而不斷做筆記，但最後連自己有做筆記這件事都不記得，只能說是永遠活在當下，甚至有人用永遠困在名為「現在」的牢籠中來形容這種情況，光用想像就覺得毛骨悚然。

H. M. 並不是失去了所有的記憶，他仍然保有以前的記憶。簡單來說，除了情節記憶，他並沒有失去語言的表達能力，所以單就語意記憶而言可說是毫髮無傷。

目前已經證實，長期記憶主要儲存在大腦皮質等腦部的其他區域。必須在短期記憶中反覆出現的重要記憶，以及印象特別深刻的記憶等，就是藉由從短期記憶轉換成長期記憶，使其成為一生都不會忘記的記憶。

從短期記憶轉換成長期記憶的過程稱為「記憶固定化」，目前已經證實，記憶固定化在休息和睡眠時進行。海馬迴在記憶固定化上扮演著重要的角色，以H. M. 為例，他的情況是由於海馬迴不復存在，所以無法將短期記憶轉換為長期記憶。

但研究報告也指出，H. M. 在短時間內學會的身體技能等並不會被歸零，而是隨著持續學習而精進，這種情況比較接近有一天突然發現自己學會了某種技能。簡單來說，針對這種情況，我們可以將之解釋成牽涉到運動學習的程序記憶，從海馬迴轉移到大腦皮質的過程是使用其他的路徑，使記憶在大腦固定下來。目前的說法是，記憶學習在小腦與大腦皮質的合作下完成。

H. M. 的際遇雖然令人同情，但是也是拜他所賜，才得以一步步釐清海馬迴與記憶的關係。

另外，由二〇一四年榮獲諾貝爾生醫獎的約翰．奧基夫（John O' Keefe）、愛德華．莫澤（Edvard Moser）與邁布里特．莫澤（May-Britt Moser）等人共同發現的「位置細胞」（place cell），也證實了大腦竟然內建定位導航系統的驚人事實。目前已經得知位置細胞是海馬迴的主要細胞，換言之，海馬迴不只掌管短期記憶，也掌管了空間記憶。罹患失憶症的人，最常脫口而出的經典台詞是「我是誰，我在哪裡」，而負責讓自己知道「這裡是哪裡」的是海馬迴的職責。

失智症之一的阿茲海默症，一開始通常是海馬迴的細胞受損。以下只是推測：

阿茲海默症的患者之所以不知道自己身在何處而陷入恐慌、深夜遊蕩街頭，或是等到回過神來，發現自己總是在一樣的地方打轉，也許就是空間記憶出現障礙所致。

另外，提到海馬迴的空間記憶，還有一個經常被人提起的知名例子，也就是倫敦的計程車司機。倫敦的道路非常複雜，號稱必須具備超強的記憶力才能熟記成千上萬條街道。事實上，研究人員經調查後發現，倫敦計程車司機的海馬迴，體積明顯比一般人更大。另外也有報告指出醫學院的學生在準備期末考的時候，海馬迴的體積也會增加。有了這樣的佐證，更讓人了解到海馬迴確實掌管著我們的記憶。有趣的是，不論是計程車司機還是醫學院學生，他們的海馬迴在退休和期末考結束後，都會恢復成一般人的正常大小。

大腦如何記憶

目前已經確認大腦記憶的方法和電腦不一樣，那麼，大腦用什麼方法記憶呢？

人為了幫助自己記住一件事物時，經常會使出「怪招」。舉例而言，只要我丟出「女性歌手、髮型很特別、還有……金盞花」這幾個關鍵字，相信大家馬上就知道我說的是愛繆了。還有，如果我說「男性搞笑藝人、髮型很特別、香蕉」，相信沒有人不知道我說的是日村勇紀吧。總之，我想表達的是，大家對這種記住一個人的方法都很熟悉吧。

如同上述，我們會分解記憶，將之分門別類後保存，因為這麼做能夠節省記憶的容量。

所以，我們只記得「早餐吃了歐姆蛋」，卻想不起來裡面加了哪些配料。會發生這種情況，正是大腦為了節省能源的證據，所以你不必擔心「自己是不是得了健忘症」。

接下來會說明大腦如何形成並儲存記憶。以前的科學家推測大腦存在著記憶物質和參與記憶的細胞，並進行了一番探索。但是這些推測目前已受到否定，也證實特定神經迴路的活化模式具備回憶的功能。科學家將之稱為記憶的痕跡（engram）。正如前述，記憶不是記錄，所以即使想起記憶，想的也不是記憶本身，而是觸發回憶的事物。

上述內容是利用實驗鼠進行的實驗結果，針對因恐懼造成的動彈不得等狀況，只要在特定條件下，利用特殊的方法標記出作為啟動開關的神經細胞群，那麼僅須活化這些神經細胞群就能引發細胞反應。舉例而言，研究人員先將實驗鼠在受到短暫電擊時被活化的神經迴路標記出來，再以人為方式刺激這些神經迴路，結果發現小鼠即使未受到電擊，也會表現出恐懼而動彈不得。

如果是更為複雜的記憶，除了海馬迴，大腦的各種神經網絡也會參與，並一一被活化。如此活躍的腦部活動就是記憶，甚至說整個大腦都會參與記憶的儲存也不為過。

如同前述，構成神經迴路的突觸具有可塑性，會依照狀況改變特別重要的迴路的傳遞效率。通常這樣的變化是暫時性的，但目前已知也有期間達數週之久的長期增強現象。突觸傳達效率的變化，目前被視為可能是學習和記憶的基本機制。

記憶細胞在成年後依然會新生嗎

腦細胞基本上不會再生，但掌管短期記憶的海馬迴，有一部分的神經細胞即使在成年後也會新生，這種現象稱為「神經新生」。但畢竟這只是從實驗動物身上發現的現象，在人的身上是否也會發生，至今仍是議論紛紛，但只要知道有這樣的可能性，我相信很多人都會期待「如果腦細胞可以更新就太棒了！真希望就像換台手機一樣，換顆全新的大腦」。但是，請大家稍安勿躁！如此重要的大腦，如果真的脫胎換骨，成為全新的大腦，那會發生什麼事呢。

前先提到記憶是以神經迴路活動模式的型態，嵌入於整個腦部。記憶的基礎是突觸傳遞的效率調節，具體而言，如果考慮到每次能夠釋出的神經傳遞物質的量，以及為了增加每次可接收量的受體的表現調控，就可以把神經細胞本身視為記憶裝置的一部分。

歷經無止境的嘗試後，終於調整到最佳狀態的神經細胞，如果真的全部汰舊換新，既有的記憶有可能完好無缺嗎？如果有缺損，不就等於以前學過的東西，必須耗費和之前同等的時間重新再學嗎？說明至此，你是否已經了解，為什麼神經細胞的新生並不值得歡欣鼓舞？

事實上，目前已經初步了解，在部分海馬迴增生的細胞會促進遺忘。一般認為細胞新生不單會促進遺忘，也會促成新的記憶形成。另一方面，目前也已經確認，長期壓力、腦部疾病、老化都會阻礙神經新生。說不定對大腦而言，無法適度遺忘其實並不是好事。

雖然目前尚未闡明神經新生是否也會出現在成年人身上，但假設人和小鼠一樣，成人的海馬迴也會出現神經新生，就可能成為壓力、憂鬱、阿茲海默症等疾病治療的新選擇，說不定能有助於維持與提升高齡者的認知機能。若能揭開神經新生的神秘面紗，我想應該就能讓我們對於大腦的記憶與學習方面有更多的理解。

3 遺忘與記憶一樣重要

遺忘是什麼

有些人擁有超強的記憶力，能夠記得許多瑣碎小事，像是某年某月某天是星期幾，當天又做了什麼事。或許有些人聽了會感到「真好，居然能記住每一件事」，殊不知這對當事者而言可能苦不堪言，這種狀況甚至被視為疾病，病名是「超憶症」（hyperthymestic syndrome）。

提到遺忘，當然不能不提到赫曼・艾賓浩斯（Hermann Ebbinghaus）鼎鼎有名的遺忘曲線（forgetting curve）。艾賓浩斯提出的理論是，有一半的記憶會在兩小時後被遺忘，六天後會忘掉百分之八十。雖然記憶很快就會被遺忘，但有趣的是，一個月後的遺忘率是百分之八十二，下降速度明顯趨緩。另外也證實，以為已經忘記的內容，只要經過複習再度想起，就能延緩遺忘的速度，而複習的最佳時機是在兩天後，這樣的話比較不容易忘記。

說到遺忘，很多人可能會想到記憶衰退，其實這種想法是源自於「完整的記憶一定是原封不動被保留在大腦某處」的誤解。目前已經證實，遺忘的過程大部分是一種「干涉」，防止以前學習過的事物阻礙新資訊傳遞，或是學了新的就忘了舊的。

感覺「我以前有學過這個」的既視感（deja vu），也是這種干涉下的產物。如同先前所述，人會將記憶分解並分門別類，一般認為這可能是當作下次再遇到類似狀況，在非意識的情況下用以搜尋過去經驗的線索，這種現象被稱為「資訊源歸因錯誤」。

類似的現象還有所謂的「源頭失憶症」（source amnesia），也就是雖然記住了某件事情，卻不記得是什麼時候、如何獲得訊息。由「你到底有說還是沒說」而引起的爭執，大多出自這個原因。以我本身為例，我在大學開的課不少，再加上我在每門課的第一堂課作自我介紹時，講的都是一樣的內容，所以我也曾經講到一半時直冒冷汗，心想：等一下，這些話我是不是已經在這堂課講過了呢？

這種程度的出錯倒還無傷大雅，但是因為源頭失憶而造成冤罪、醫療失誤、重大事故的例子也時有所聞。為了避免這些遺憾發生，我們不但要體認到「記憶不可靠」的事實，也必須善用筆記、錄音等工具以彌補所有的細節。

遺忘是壞事嗎

我相信對大腦而言，遺忘和記住一樣重要。舉例而言，如果今天遇到不開心的事，然後只要大啖一頓美食，睡個好覺，隔天醒來就滿血復活，說不定這樣反而有助於延年益壽。

以下是我的看法，我認為人的記憶力減退，並不是因為大腦退化而是必須記住的事愈來愈多，或者說和年幼期相比，後者想要關注並記住的事情沒那麼多。因此，遺忘反而是證明腦部正常運作的證據呢。

聽到「忘記了、想不起來」總讓人覺得不是好事，但是忘掉瑣碎的細節，藉由分類化忘掉一些專有名詞，對大腦而言其實是很重要的程序。因為目前已經證實，遺忘比記住消耗更多能量。

以過人記憶力聞名的夏洛克・福爾摩斯曾說過下列這段話：

> 我認為人類的大腦，就像空無一物的閣樓，應該只裝進精挑細選的家具〔中略〕但如果你以為這個閣樓的牆壁可以伸縮自如、無限膨脹，那你就錯了。聽好了，每增加一項新知識，就會忘掉一些之前記住的事，所以最重要的是拿到有用的東西，而不是滿手都是無用的資訊。（《血字的研究》（*A Study in Scarlet*），亞瑟・柯南・道爾）。

「智囊記憶」會左右人的器量

只要輸入正確的關鍵字，就能知道明明呼之欲出，但偏偏想不起來的某個藝人叫什麼名字。如果有拍下照片就更好辨了，因為只靠圖片也能夠搜尋。現在甚至已經進步到只要哼出旋律就能找到歌曲的名稱。說是人類終於成功將記憶外化也不為過吧，我相信哪天要讀取人類所有的知識也不是不可能，到那時候，所謂「行走的百科全書」大概就沒有出場的機會了吧。

用手機拍下來的照片都會依照日期排序，替我們妥善保存回憶。即使想不起來「那天我到底吃了什麼」也沒關係，反正已經拍照記錄了。

但是，手機的功能還沒有強大能到把當天的心情也記錄下來。專屬自己的記憶只刻在腦裡，而且就算沒有刻意想記住，我們有過的幾萬種思緒與行動，也會被大腦當作程序記憶刻劃下來，形成我們的現在，而身體也會記得。

被我們記住，且對人生有益處的不是條列式的知識，而是知識之間的相輔相成。為了找出乍看下屬於兩條平行線的知識之間的交會點，建立從未有人想到的假設，我們還需要更多的知識。不知道各位是否遇過交遊廣闊、能夠在你有困難時替你介紹可以幫忙解決問題的人的「行走的百科全書」呢？

飽覽群書，盡可能體驗各種事物，並且廣結善緣，透過不斷摸索，曾經獲得成功，也曾經嚐到失敗苦果的人，會受到人們擁戴。而聚集在他身邊的人，想到這次不知又會從他口中聽到什麼珠璣妙語，內心滿是興奮期待。我想具備上述特質的人，才算是具備知性的真正賢者，堪稱現代版的「行走的百科全書」。

最後僅是我個人淺見，我覺得有一種記憶是專門給我們打暗號，經常提醒我們「世界就是這麼運作的」。簡單來說，作出預測是大腦的主要工作，所以這類記憶是用於形成腦內部模式的重要記憶。這樣的記憶相當主觀，沒有轉換成語言的必要，例如「先伸出右手再這麼動」的身體活動、「基本上這就是咖啡喝起來的味道」、「朋友A喜歡荷包蛋，朋友B喜歡煎蛋捲」、「講話時要直視對方的眼睛，不時附和對方，會讓溝通更加順利」等，都是沒有必要轉換成語言的記憶。

有關身體動作的記憶，也就是所謂的程序記憶，一般認為，與運動和學習有關的預測儲存在小腦。這類預測的多寡，和提升自己活動身體時的解析度息息相關。

有人認為，這點也是運動員與一般人的不同之處，我會在第五章詳細說明。

另外，有關咖啡味道、朋友喜好的記憶，雖然要稱之為情節記憶也不是不行，但有關日後待人接物的學習等，雖然有情節的部分當作基礎，但也包含來自他人的見聞，或是從書本和電影得到的資訊，所以無法斷言一定是情節記憶。

話說回來，情節記憶本來就是一種陳述性記憶，所以能夠轉化為語言，但處世之道、座右銘等，強調的是一個人的感性和風格，不一定能夠轉換為語言。就算不知道該如何表達，每個人都各有一套類似生存之道的行事準則。就像常貼在居酒屋廁所和印在茶杯上的人生金句，我也想替它取個新名字，例如「老爹的牢騷記憶」，或是「阿嬷的智囊記憶」，應該都很不錯吧。

整章下來，我發現在語意記憶和情節記憶這兩方面擁有良好記憶力的人，雖然無法直接和頭腦聰明畫上等號，但是擁有「智囊記憶」的多寡，似乎關係到一個人的器量大小。這是從人生經驗挑出特徵，將之廣義化、概念化的能力。具體而言，就是當我們迷惘時，覺得可以從經驗豐富的人生前輩得到的實用建議。在最後下決定時，從背後推你一把、讓你願意接受挑戰的，或許就是在自己內部形成的「智囊記憶」吧。有關這部分，我將在第七章再次說明。

＊第四章的小結＊

- 記憶分成短期記憶與長期記憶；長期記憶又分成語意記憶、情節記憶、程序記憶、內隱記憶等，雖然會與經驗結合，但記憶在每次想起時都會改變，甚至有可能成為創作，是造成錯誤認知與會錯意的重要原因。
- 海馬迴是掌管短期記憶與空間記憶的腦區，阿茲海默症與計程車司機的例子，都為其重要性作了背書。
- 大腦將記憶分門別類後保存，而且會為了節能而省略不重要的細節。
- 神經迴路的突觸可塑性被視為學習與記憶的基本運作機制。
- 成年人的海馬迴有可能出現神經新生，生成新的神經細胞，但除了促進新的記憶形成，也可能會促進遺忘。

●串聯各種知識與建立獨特假說的能力是「行走的百科全書」的真正價值，而透過體驗與人際交往得到的智慧也很重要。

第五章

隨心所欲地活動身體

說到頭腦聰明，大家很容易把焦點放在「頭」，但頭腦聰明與否，其實和活動身體，以及從零到有的創造行為也脫不了關係。不論是在百分之一秒間挑戰身體的極限而互相競爭的世界頂尖運動員，還是將自我表現得淋漓盡致的藝術家們，說他們都是絕頂聰明的人，想必不會有人有異議吧。不過，他們所展現的才華分別是「隨心所欲地活動身體」與「精進自己的實力，絲毫不間斷」。說到運動、音樂等藝術方面的表現，很多人都以為關鍵取決於天賦，但有關腦部的功能，在天賦中又扮演著何種角色呢？

首先請大家想想人體之所以能夠活動自如，是因為大腦發揮了哪些作用呢？

1 「活動身體」的腦部機制

如何操縱執行身體動作的肌肉

身體的動作都是靠著肌肉牽引骨骼來完成，而負責控制肌肉的是大腦與神經。

肌肉有骨骼肌、心肌和平滑肌之分。肌肉由尺寸巨大、直徑約五十至一百微米的肌肉細胞組成，也稱為肌纖維。其中骨骼肌和心肌由直徑一到兩微米、名為肌原纖維的胞器聚集而成，外型呈排列整齊的橫紋狀，所以被歸類成橫紋肌。骨骼肌是牽動身體的肌肉；心肌是產生心跳的肌肉；而平滑肌是構成腸子、血管等內臟的肌肉。

控制肌肉活動的神經是末梢神經系統，而控制骨骼肌的是軀體神經系統，心肌和平滑肌則由自律神經支配。被我點名的神經很多，但講到這裡，還是針對腦部和神經做個簡單整理吧。腦部和神經合稱為神經系統，是很龐大的組織，可大分成中樞神經系統和末梢神經系統，中樞神經系統包括腦部和脊髓，因此腦部也是神經系統的一部分。

末梢神經系統又分為軀體神經系統和自律神經系統，軀體神經系統包含感覺神經與運動神經。感覺神經是將熱和痛等觸覺，以及光線、聲音、氣味等感管信號傳送到中樞神經系統的神經。運動神經連接著一條條的肌肉纖維，控制肌肉活動。自律神經系統分成交感神經與副交感神經，負責控制心肌和平滑肌，調控體內各器官的功能。

骨骼肌的功能是讓人按照自己的意思活動身體，包括走路、取物等。相形之下，心肌和平滑肌則是無法按照人的意志操控的肌肉，即使我們對著心臟大喊「停下來、停下來」，心臟也不會乖乖停止跳動。可以按照自我意志控制的運動稱為隨意運動（自主運動），相反，無法靠自己意志控制的運動稱為不隨意運動（不自主運動）。

「隨意」這個用語，和意識／非意識的意思不同。所謂的意識，正如我在第二章已經說明的大腦的**第一過濾器**，只是針對通過感覺過濾器的訊息所產生的知覺。而隨意運動的結果是透過反饋接收，接著被送到大腦皮質，經過處理和分析，最後形成讓我們有意識地活動身體的感知。

感覺自己身體的「本體感覺」

說到感管，很多人馬上想到的是視覺、聽覺、觸覺、味覺、嗅覺這五感。但我們的身體還有很多其他也很重要的感管，或許可以稱之為第六感。

舉例而言，即使我們閉上眼睛，還是能夠依稀感知到個別的身體部位在哪裡，這種感覺稱為「本體感覺」。這是因為我們的肌肉和關節有負責偵測的感應器，它們分別是肌梭（muscle spindle）和高基氏肌腱器（Golgi tendon organ），它們會不斷把肌肉和肌腱受到拉伸的感覺送到腦和脊髓。拜此所賜，我們即使閉著眼也能夠拿東西，而且在非意識的情況下，手臂兩側的肌肉動作也能保持協調，以最輕鬆的姿勢彎曲手臂。

英國的神經科醫師奧立佛．薩克斯（Oliver Sacks）在其著作《錯把太太當帽子的人》（*The Man Who Mistook His Wife for a Hat*）中，介紹了負責統合、處理本體感覺的腦區出現功能損傷的患者案例。該名患者有天晚上睡覺的時候，發現床上有條不知道是誰的腿，他覺得很噁心，所以一腳把那隻腿踢下床，結果害他自己從床上摔下來。換句話說，那條讓他看起來覺得很陌生的腿，其實是自己的腿。

另外還有報告指出，同樣是本體感覺失調的患者，一舉手一投足都得親眼確認，否則連路都走不了。從這個例子可以證實，我們不必用眼睛確認就能隨心所欲活動自己的身體，絕對不是理所當然的事。

除此之外，體內也有器官負責感知旋轉的方向與速度，以及身體的傾斜程度與方向，那就是位於耳朵深處的前庭和半規管。前庭感知的是重力的方向與變化，而半規管則是頭部旋轉方向與速度的偵測器。托兩者的福，人即使閉上眼也能表演金雞獨立；就算身體稍微朝一邊傾斜，另一邊的肌肉也會反射性地緊繃起來，穩住重心，讓我們不至於摔倒在地。

不僅如此，頭部旋轉和傾斜的信號，會把訊息傳送到讓眼球活動的神經，使眼球朝著和頭部旋轉相反的方向轉動。多虧了這樣的協調運動，我們的身體不論動得多麼激烈，眼中看到的景象永遠保持筆直。另外，目光不由自主地追隨著會動的東西是人的反射動作，也因為有這樣的生理反應，我們可以保持固定的視點，檢測到物體的動向。

雖然我們覺得眼球的活動量好像很少，其實它眨動的頻率比我們想像中更頻繁。只要拍攝自己的影片，你就能發現眼睛經常眨動。有句俗話說：眉目傳情。如果眼睛一眨動就有配樂，我想你應該會覺得很吵吧。

2 為什麼運動過後不會「暈」

暈車和止暈藥的痛苦記憶

搭乘長途火車、客運巴士或船，有些人會感到暈眩想吐。這是因為前面提到的感知不隨意肌肉動作的偵測器、感知傾斜和加速的偵測器（也就是前庭與半規管等平衡器官），與掌握視覺變化、伴隨前者而來的眼球動作等視覺系統失去協調，導致頭暈、目眩等症狀產生。

說得具體一點，當大腦的預測與來自視覺系統的訊息不一致時，就有可能來不及產生對應，交感神經與副交感神經的平衡也可能失調，各自過度緊張和興奮，導致身體不適。這一切源自於我們感覺到「平衡感」出現異常。

止暈藥可以阻斷過多的神經傳導，主要成分是東莨菪鹼，它可以抑制名為乙醯膽鹼這種作用於神經與肌肉的主要神經傳遞物質，讓過於活躍的自律神經系統防止嘔吐中樞活化。

我以前是不容易暈車的體質，但我最近搭車的時候，只要在車上寫東西或看書，下車時覺得不舒服或頭痛的次數增加了，說不定是年紀增長的關係。有一次我搭新幹線出差，發現只要吃了市售的止暈藥就可以避免暈車。但是，等到後來要轉搭一般火車時，自己竟然出了意料不到的嚴重差錯——我竟然搭錯了三次車。

以往出差的時候，尤其如果要去的是第一次造訪的地方，我一定不敢輕忽大意，根本不可能會發生坐過站這種事。但那天也不知為什麼，明明心裡一直提醒自己「下一站就要下車了」，我卻只顧著滑手機，等到回過神來，發現自己已經坐到下一站了。無可奈何的我，只好繞到對面月台等車，然後心裡不斷地唸著「再一站、再一站」。誰知這招竟然沒有奏效，我還是又多坐了一站。對我來說，實在是堪稱恐怖的難忘經驗。

我後來查了才知道，原來止暈藥的副作用包括「注意力無法集中」。這也難怪，畢竟被東莨菪鹼阻斷的神經傳遞物質——乙醯膽鹼，跟記憶力與學習的好壞息息相關。沒錯，當天的我確實是注意力不集中。但是，這次經驗給我最深刻的感受並不是注意力渙散、腦袋放空，而是我怎麼會全神貫注地滑手機，專心到連平常一定會聽到的車內廣播都充耳不聞。

我從以前就一直認為專注力有兩種，一種是專心投入在眼前的作業；另一種是連同自己在內，俯視周圍的專注力。沒想到我竟然在意想不到的地方親身證實了這個觀點。有關專注力的部分，我會在後面的章節進一步探討。

消除抖動後的結果是大腦想要呈現的想像

除了暈車，最近還出現一種「VR暈」。簡單來說，就是利用立體眼鏡觀賞3D虛擬實境，卻因為眼前景物與身體感官的知覺無法匹配，導致身體不適，覺得頭暈、噁心。我沒有體驗過VR暈，但是我從有過這種體驗的人聽來的說法是，據說不協調之處包括身體沒有移動，畫面卻在動；畫面動態與身體的動作不符合等。這讓我深刻感受到，要如何從我們平常非意識進行的前庭－動眼反射（vestibulo-ocular reflex）抽離開來是待解的課題。

那麼，為什麼不論我們做了多激烈的運動，都不會像喝醉時那樣覺得天旋地轉呢？原因很簡單，因為身體平衡系統接收的訊息，與視覺輸入的訊息同調。身體失去平衡感的訊息，由耳中一小塊名為耳石的碳酸鈣結晶，藉由滾動刺激感覺細胞送到大腦。如果耳石脫落，就會產生暈眩感。

此外，我們眼中看到的，其實也是在非意識下消除抖動後的影像。有次我在某個活動上，特別拜託一名年輕人用我的舊相機幫我拍照。事後我確認他拍下的成果時，立刻發現我實在「所託非人」，因為他拍的照片沒有對焦，能用的沒幾張。相機要有防手震功能已被視為理所當然，所以拍照的人完全不會意識到自己的手是不是晃動了。

以前的相機沒有支援防手震功能，所以拍照時一定要夾緊腋下、放低重心，還得屏氣凝神。但是現在不一樣了，即使邊跑邊拍也能拍出相當好看的照片。這是因為現在的相機和手機都內建加速度感測器，能夠感測到手的抖動，再把訊息提供給影像處理器，修正拍攝時手部產生的抖動，使畫面更加清晰。

話說回來，我們自己做的抖動修正，其實也是由大腦執行，但是和手機相機的防手震不一樣，大腦做的精準度沒有那麼高。大腦的做法是拉開每一張沒有對焦畫面的間隔，從斷斷續續的畫面中任意預測其間的幀數，接著創作一張整合性最高的畫面並插入。仔細想想，大腦真的很亂來啊。

ＡＩ最近也可以將靜態圖片轉為動態影片，但大腦從遠古時代就在做這件事了。換句話說，我們看到的不過是大腦創造的虛構世界。一旦知道這點或許會感到很震驚，但仔細想想，大家幾乎也不曾因此而受害吧。應該說，我們老早就對此習以為常了。

眼睛透露的訊息比嘴巴多

大腦具備只要一秒內看到三張連續的靜態圖片，就會把它感知成動畫的特質。想想我們在看黏土動畫（用黏土製作角色，再用相機拍成一張張圖片，最後以這些圖片製成的動畫）的時候，連續播放的靜態圖片看起來有動畫的效果。另外，我猜很多人都曾經在課本和筆記本的角落空白處製作過手翻書吧。

到頭來，不論是卡通還是動畫，都可以解釋成靜態的連續圖片。一秒鐘顯示幾張圖片的單位稱為每秒幀數（fps），目前60fps、30fps被視為確保畫面流暢度的標準幀率，但大腦只要3fps就綽綽有餘了，不足的幀數靠預測補足。

如同我在第二章已經說明，只注意有變化的地方是人腦的特質。原理上，大腦無法感知到靜止不動的物體，但我們之所以能夠發現眼前確實「有」一面白牆，是因為眼球的微跳視。不論是開車、過馬路時，人都會看右、看左，接著再看右，正是為了找出第一次和第二次看到的哪裡不一樣。

即使有變化，但如果不夠顯著，大腦似乎也不會當一回事。因此，耗時緩慢的變化，似乎很難被我們察覺。或許這種特質可以解釋為什麼我們對自家孩子的變化渾然不覺，但會覺得別人家的孩子怎麼突然長得好快的現象。把這點套用在我們對自己身體狀況出現變化的察覺程度，好像也說得通。

能否成為出色的運動員和藝術家，關鍵也似乎在於感知細微變化的敏感程度。眼動追蹤（eye tracking），是一種測量眼球運動的技術。只要使用眼動追蹤儀，就可以掌握一個人現在在看哪裡、接下來要看哪裡。因此，有些機構也試圖利用眼動追蹤，徹底找出一流運動員和藝術家與一般人的差異。

例如根據佳能（Canon）的研究，已經證實同樣是看照片，專業攝影師移動視線的次數是業餘人士的五倍，而且也不會忽略被業餘人士漏掉的留白和細節。

另外還有其他的研究結果顯示，一般人在看一幅畫時，通常最先看的是人臉，但專業人士卻從其他地方看起。動物的目光停留在臉部的時間很短，所以有人認為會注視臉部是人特有的認知能力。有關這點，我會在第六章再次說明。

也有人利用眼動追蹤技術解析專業運動員，結果證實他們和頂尖藝術家一樣，同樣具備更寬廣的視野，能夠看到常人忽略的細節，或許更為準確的說法是他們有餘力看到各處。更有趣的發現是，相較於素人，職業棒球隊的打者能夠更快將目光離開球。「只要能夠實測到這一步，接下來靠預測就夠了」的快速洞察力，也是專業與業餘的差異所在。

3 腦中內建「身體的地圖」

腦中會形成另一個自己

人隨時都會感覺到內臟的動靜，例如只要我們醒著，就會持續感受到心臟怦怦跳，或者是三不五時肚子咕嚕咕嚕地叫，這些動靜都會影響我們的「情緒」。

之前已經說明的本體感覺和平衡感覺，再加上現在提到的內臟感覺，合稱為「內感受」。除了五感，提高自己內感受的敏感度，精準覺察情緒的細微變化，也是生活上的重要能力。有關這部分，我會在第七章詳細說明。

雖然我們隨時感覺得到自己，但感受的並不是個別感覺器官的狀況。每一個感覺器官，都只是收集訊息的裝置，而且它們接收的訊息都會送到大腦。我們會說「很有眼光」、「耳朵和舌頭好靈」，但真正靈光的是大腦。就我個人的看法而言，我認為感覺器官在功能上，好壞程度沒有太大的差異。真正的差異在於要如何捨取接收的感覺，決定要把哪些送到負責過濾訊息的感覺門控時所展現的個性與感性（參見第六章）。

所有的感覺都會送到大腦皮質，不過訊息的傳遞採責任制，送到大腦皮質各個區塊的訊息，都由身體的某個部位專門負責。簡單來說，大腦皮質上畫著身體的地圖（圖五）。至於每個身體部位分配到的腦區則因人而異，但目前已經證實，以人類而言，手掌、嘴唇等敏感部位被分配到的腦區較多（圖六）。不過，如果是老鼠等以觸鬚為重要偵測器的動物，觸鬚負責的腦區就比較大（圖七）。為了便於各位了解，以下介紹的是皮質小人圖（homunculus map）。雖然乍看下一些人可能會覺得有點詭異，不過這只是用來表現人腦中「身體地圖」的模型。

舉例而言，小提琴家必須以左手完成精細動作，所以處理左手的腦區體積會增加。而鋼琴家是雙手並用，所以兩手的腦區都有增加的情形。但是，表現的優劣並不是以腦區的大小決定。

有趣的是，人天生就有把道具

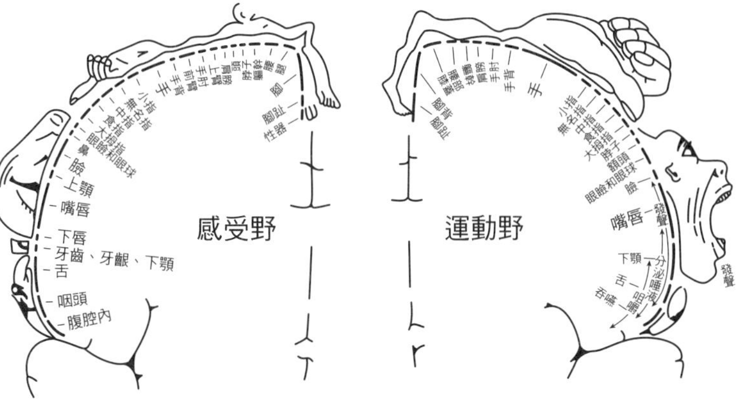

【圖五】大腦皮質上的感覺地圖

【圖六】人的皮質小人模型

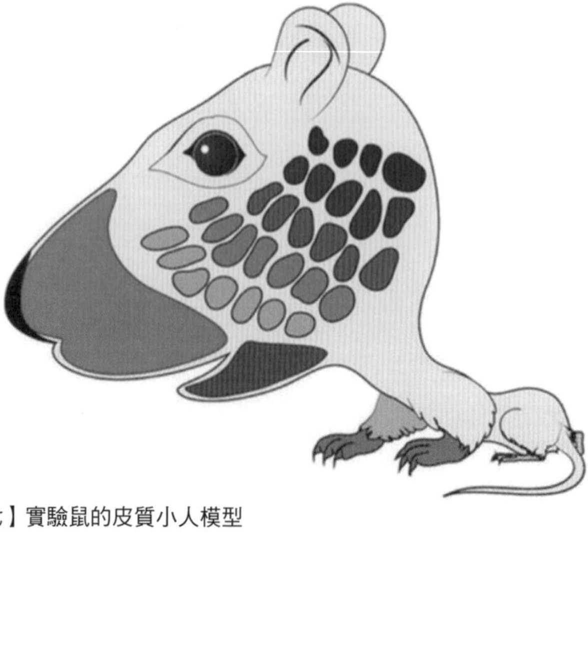

【圖七】實驗鼠的皮質小人模型

當作身體的延伸並隨心所欲使用的能力。有關對自己身體的認知稱為「體現認知」（embodied cognition），我們的身體無法延長，但體現認知具有展延性。我們對自我身體的認知，會受到視覺、觸覺的不一致所影響。例如人看著剪刀、機器人手臂，或是吊車的吊臂，會覺得那是自己的指尖。這種現象以橡膠手錯覺（rubber hand illusion）最具代表性，簡單來說，受試者產生了橡膠手就是自己的手的錯覺，所以看到看到橡膠手被敲打或針刺時，也會產生疼痛的錯覺。有關體現認知能夠展延到何種程度，小鷹研理的著作《身體的錯覺》（からだの錯覚）中有詳細的說明，有興趣的讀者務必參考。

腦中的「身體地圖」會頻繁重寫

腦中的「身體地圖」具流動性，並不是只要決定了就不會更改。舉個極端一點的例子，一旦失去視力，負責處理視覺的視覺野，從此就接收不到來自眼睛的訊息，所以無法發揮作用。這時會產生一個問題，那就是原本處理視覺的腦區，是不是從此廢棄不用了呢？答案是它一定會被安排新工作，這就是為什麼失去視力的人，聽覺會變得比以前發達，或是指尖的感覺變得愈來愈敏銳的理由。這種現象就是我在第三章說明過的「大腦的可塑性」。

事實上，視障人士學會點字後，他們的視覺野在閱讀點字時會被活化。換句話說，在閱讀點字的過程中，視覺系統仍扮演著一定的角色。相對地，因意外事故造成視覺野發生血管阻塞的人，連點字也無法閱讀。

「五體滿足」是大家耳熟能詳的語詞，我們經常主觀認定，眼睛看不到和耳朵聽不到就是不便和不幸的事。但是，有些人即使眼睛看不到、耳朵聽不到，他們不也靠著替代方案感知到視覺與聽覺資訊嗎？舉例而言，狗的嗅覺靈敏度是人的幾萬倍，而某些鳥類和蟲類甚至能夠直接「看到」磁場。如此一來，人類在牠們眼中豈不是可悲又可憐的存在，不但嗅覺弱到不行，連磁場也看不見？

我們的嗅覺即使不若狗靈敏，也不會覺得不方便，更不會把看得到磁場視為理所當然。因此，單方面決定眼睛看不到和耳朵聽不到就是不幸，是不自量力的想法。話雖如此，我認為不論是公共環境的設計還是城市建設，如果只有考量到一般人的使用情況與需求，就會忽略其他族群的權益。通用設計是應該大力推廣的概念，畢竟就算看得見，每個人對光線與色彩的感受、在眼中呈現的模樣，以及產生的觀感等也各有不同，所以當然要想辦法照顧各方的需求。

失去感覺器官會發生什麼事

有一位年幼時因一場意外失明、名叫麥可・梅（Michael May）的男性，長大後成為成功的企業家。他擁有絕佳的聽力，後來也成為帕運滑雪選手。隨著醫學進步，他後來接受了手術，恢復視力。雖然手術很成功，但他並沒有立刻「重見光明」。據說一開始他只感覺到強烈的光線襲來，強烈到讓他什麼也看不見。他的經驗讓我們知道，即使眼睛是睜開的，但如果缺乏學習與經驗，還是無法產生視覺的認知。

這種情形和我在第三章所介紹的行動受到限制的小貓如出一轍，眼睛只負責處理光訊息，但還是需要主動接觸的經驗，才能夠讓自己知道現在面對的是什麼，對自己而言又有何意義。談到認知，這是發人省思的事例之一。

另一種情況是「幻肢疼痛」，也就是在意外中失去手腳的人，明明已經不存在手或腳，卻感到劇烈疼痛的不可思議現象。透過這種現象，我們能夠確實了解到痛覺產生的罪魁禍首並不是手，而是腦。主要的推測是儘管已失去手，但腦中對應手的地圖還在，所以大腦繼續作出預測，再把它與感覺器官接收到的實測值比對，最後形成知覺。但即使等到天荒地老，也不可能等到失去的手回傳實測值過來，所以腦會由上往下不斷傳送信號，導致疼痛信號產生。

後來，拉馬錢德蘭（V. S. Ramachandran）想出有效解除幻肢疼痛的方法。做法是把一面鏡子插進箱子中間，再請患者把雙手伸進箱子裡。患者從鏡子看到已經失去的手仍完好無缺的樣子，如此一來就能成功「騙過大腦」，讓大腦知道以後不必再傳送過多的訊息，也就此解除幻肢疼痛。更多的細節可參照拉馬錢德蘭的著作《尋找腦中幻影》（*Phantoms in the Brain*），值得一讀。

耳鳴也是基於同樣的原理所造成的現象，老化和壓力等因素會導致某部分的聽覺機能——尤其是負責高音領域的部分——突然喪失，但與其對應的腦區仍然存在，所以會「聽得到」尖銳的聲音，但這只是幻聽。耳鳴只有當事者聽得到，別人聽不到，所以並不是耳朵這個感覺器官出了問題，而是大腦的問題。人工耳蝸和助聽器的技術近年來不斷進步，所以各界也很期待能夠如法炮製，再次成功「欺騙大腦」以解決耳鳴的問題。

大腦的地圖能夠改寫到什麼程度

前面介紹了即使視力沒有問題，但如果缺乏經驗，也無從得知自己看得見。簡單來說，沒有經驗就無法形成知覺，這種情形稱為「經驗盲的狀態」。舉例而言，請看圖八，你是否能夠說明圖裡有什麼呢？

經驗盲的特徵是一旦有了一次經驗，從此就只能以此形成知覺（圖九）。經驗會使我們腦中的地圖快速被改寫，並形成新的預測。如同第二章的說明，大腦是作出預測的裝置，如果沒有預測就無法形成知覺。

正如我在第四章的假設，如何累積更多先行提醒你「世界就是這樣運作」的「智囊記憶」，就能提高對接收新感覺刺激的解析度。我想這就是眼睛、耳朵、舌頭很靈的狀態吧。

嬰兒醒著的時候很忙，忙著踢腿，忙著把手指塞進嘴裡。他們就是透過這樣的

【圖八】

【圖九】

感官經驗抬頭、翻身。長大成人後再想翻身，總是會用到腳的力量，很難重現嬰兒時期的翻身，不過我在嘗試的過程中竟意外發現這是很有意義的動作。

歷經無數次的摸索，我們終於學會如何運用身體控制動作，也知道這麼做的話接下來會發生什麼事，於是便根據預測擬定行動計畫，向肌肉發出指令。結果經實測後，如果誤差很大，就會回報需要修正。這個過程稱為動作學習（motor learning），最後的結果會當作程序記憶儲存在大腦裡。目前已經證實，負責動作學習的是小腦。如同第四章的說明，即使是海馬迴有缺損的 H. M.，他仍保有程序記憶，不像其他記憶一樣受到損傷。

為了隨心所欲的活動自己的身體，關鍵取決於腦內地圖的解析度是否能夠提高，並且配合實測結果重新改寫。關於這點我之後還會再作說明，不過一般認為這個過程沒有才能和靈光乍現介入的空間，完全取決於是否能興致勃勃地一再從錯誤中學習。有關部分先說到這裡。

4 提高自己的「體現認知」

決定在合適時機開始與結束運動的腦區

另外我還想為各位介紹一個負責重要功能的腦區，它是一連串被稱為「基底核」的腦迴路，負責決定運動的開始與結束，相當於按下運動開始與結束的開關。基底核是一個功能強大的迴路，基本功能是製造迴圈，所以在踩剎車的指令下達之前，動作會一直持續。

基底核的開始鍵是稱為黑質的部位，如果此處受損，隨意運動的進行就會出現困難，肌肉也會不自主地抖動，也就是帕金森氏症的典型症狀。黑質的紋狀體與迴路相連，而傳遞時所用的神經傳遞物質稱為多巴胺。

多巴胺是參與大腦獎勵系統的神經傳遞物質，與愉悅感、動機等各種情緒有關，甚至也和運動息息相關。雖然這完全只是我的想像，但能夠按照自己的意思活動身體，就本質而言不就是得到快樂與獎勵嗎？另外，如先前所介紹，多巴胺也參與了預測與誤差的修正。追根究柢，人的行動原理之一是讓報酬最大化，而隨心所欲地活動身體，完成自己想做的事，也可以被視為一種報酬。

紋狀體會向控制眼睛與姿勢等各種動作的迴路下指令，有趣的是，這些迴路基本上都是抑制性迴路。以眼球為例，只要在適當時機釋出多巴胺，負責抑制眼球動作的紋狀體就會受到抑制，結果讓眼球開始活動，這樣的運作機制稱為「去抑制」。

這些行動的結果，會通過視丘的感覺門控在大腦皮質接受篩選。大腦皮質如果放行，迴圈就會持續運作，但如果大腦皮質喊停，迴圈就會停下來。另外，目前已經確認也有大腦皮質臨時踩剎車、類似短路的迴路。如同上述，在適當的時機開始行動、結束行動的基本動作都受到控制。

這樣的迴圈結構與踩剎車結構，並非骨骼肌和眼球的專利，一般認為也包含與前額葉皮質相連的迴圈，以及情緒迴路，而且工作記憶和行動動機等也會受到情緒的控制。我覺得這套機制就像電腦一樣，人體精妙的結構令人驚嘆。

運動白癡真的存在嗎

前面已為各位說明人如何展開適當的行動、「隨心所欲」活動身體的巧妙機制。即使是很簡單的動作，但只要如自己的預期完成，我想你便是優秀的生物。不過，接下來我希望各位一起思考，那些把目標放得更高更遠的運動員和藝術家，到底和一般人在哪裡不一樣呢。

有時候我們會聽到身邊的人說「我就是運動白癡」，但是，只要不是生病或身體有障礙，每個人都能完成基本的動作。所以我假設說自己是運動白癡的人，或許只是處於經驗盲的狀態。

說到運動白癡，或許大家馬上想到的是一百公尺要花二十秒才跑得完、想接球結果「用頭接球」之類的，但我認為這只是嚴重缺乏經驗，不知道該怎麼動才會跑得快，也沒有掌握身體現在的狀況。對自己身體的感知稱為「體現認知」，我曾經聽過運動員與一般人最大的差異在於，前者的體現認知非常高。

舉例而言，職業棒球隊的投手如果被要求「丟出球速一百四十三公里的球」，他就能精準投出球速一百四十三公里的球。另外，據信溜冰選手不用站上體重計，就能知道自己的「斤兩」，連體重是多了還是少了五十克都「心裡有數」。我們即使無法達到這種境界，但我相信各位不難理解，提高自己的體現認知就是擺脫運動白癡的第一步。仔細想想，所謂的運動白癡只是程度的問題，基本上這個世界並不存在完全無藥可救的運動白癡。

其實我本人從小到大就是標準的文弱書生，接觸運動的經驗不多，這點也讓我多少有點自卑。直到最近，我終於對自己的身體產生一點興趣，覺得如果這輩子只能過著無法隨心活動身體的日子也太委屈，所以開始鍛鍊身體。我的目的是能夠隨心所欲地活動自己的身體，所以做的不是肌力訓練和特定運動，而是提高體現認知的訓練。有關這件事的來龍去脈，有機會再和各位分享。總之，開始訓練以後我發現了一件事，原來我以前對自己身體的解析度實在太低了。

舉例而言，我按照教練「請立正站好」的指示站好了，但看著鏡子裡的自己，才發現歪得很厲害，腰椎過度前凸也就算了，還肩膀隆起，連脖子都歪一邊。但是，我竟然覺得自己站得筆直！我很驚訝的原因是就算我閉上眼也能單腳站，閉著眼也能拿東西，所以根本不覺得自己的平衡感和本體感覺出了什麼問題。

總而言之，即使我的身體拼命向大腦傳送訊號，我還是充耳不聞，只靠依據有限的成功體驗所繪製的大腦地圖活動身體。我從以前就沒辦法用剪刀剪出很直的直線，可能就是被這點害的。問題是，就算我身體歪得再厲害，我還是能夠站立、行走。但是，我終究必須為沒有糾正的錯誤付出代價，也就是為了在腰椎過度前凸的情況下保持平衡，導致腰部肌肉的壓力增加而引起腰痛。

真正需要的不是肌力訓練，而是腦力訓練

於是，我想說的是，我需要的不是肌力訓練而是腦力訓練。我並不是因為缺乏肌肉，所以無法隨心所欲地活動身體。最近很常聽到「你的下盤無力」、「體幹太弱」等說法，其實這裡所說的「無力、很弱」，意思不是肌肉無力，而是運動神經與腦部的連結很弱。

除了剛從太空返回地球的太空人不在此限，一般人都具備足以支撐我們站立、行走、坐下的肌力。若以此為前提，為了強化大腦與肌肉的連結，唯一的方法就是

累積許多成功下達運動指令的經驗。這麼做也有助於提升體現認知。

簡單來說，唯一的方法就是體驗各種動作，變化愈多愈好。從這個觀點看來，你應該不難理解，為何不斷重複同樣動作的肌力訓練和揮棒練習顯得不夠有效率。所謂動作學習，應該視之為動作而非靜止畫面，為了達到訓練目的，必須體驗各種從日常動作延伸出去的隨機動作。

身體的活動和大腦的運作，都是節能第一，所以容易陷入同樣的模式。我能想像，如果試著解析動作，很可能會發現一整天所經驗的動作，就是幾個固定的動作不斷重複，哪怕身體做得到的動作明明不只如此。更重要的是，如果沒有做過這些動作，這些動作的神經迴路突觸結合就會逐漸弱化。如此一來，自己的身體就會陷入這樣的惡性循環。

為了避免這種誰也不樂見的情況發生，各位的當務之急是「找出以前應該有體驗過，但已經幾十年沒做過的身體動作」，接著試著重溫舊夢，喚醒年久失用的迴路。為了達到這個目的，我們必須傾聽自己身體的聲音。問題是，雖然知道人的感覺過濾器以什麼當作基準，但我們總是無意識地過濾掉不必要的資訊，所以很難傳送到腦部。那麼，到底該怎麼做才能讓這些訊息順利送到腦部呢？

5 把注意力放在自己的體內

掌握自己的體現認知

這時的重點是要把注意力放在哪裡，或者說把精神集中在哪裡。傾聽身體聲音的第一步，就是注意自己現在活動的是身體的哪個部分，以及現在的感覺怎麼樣。

即使心不在焉也可以走路，所以我相信很多人沒想過自己是怎麼走路的，也沒想過自己講話的時候把舌頭放在哪裡。但一旦開始注意，一定會發現自己的態度竟是如此隨便。將注意力集中在自己身體的動作稱為內在注意力（internal focus）。舉例而言，當我們聽到有人要求自己「保持平衡，不要從台上掉下去」，我們不是把注意力集中在哪個部分的肌肉，而是不斷改變姿勢，想要「調整」出最能保持平衡的姿勢。把注意力放在外在環境的動作稱為外在注意力（external focus）。對動作學習而言，兩者都很重要。

一般認為想要在非意識狀態下隨心所欲活動自己的身體，少不了一定程度的重複訓練。但是，這並非一再舊調重彈，而是應該給予大腦不同的刺激，藉此累積「智囊記憶」。

說到這裡，我不禁覺得走路滑手機稱得上是外在注意力最極致的表現了。我會這麼說，是因為這樣的行為就是在不知道下一秒會遭遇什麼的環境下，持續從手機接收新資訊，而且還要從中拿到對自己有用的資訊。當我看到走路時一邊用手機和朋友傳訊息，一邊聽著音樂，甚至手上還撐把傘，另一手拿著珍奶，三不五時啜飲一口的女大學生，只能說欽佩不已，我想她們的外在注意力說不定已經超越專業運動員了。

我在前一章已經和各位分享吃了暈車藥後，結果只顧著滑手機，連車內廣播都充耳不聞，最後坐過站的經驗。我想這都是受到外在注意力的影響，如果換成由上往下的預測發揮了作用也說得通。就像專業打者的眼睛能很快離開球最初的路徑，我們很快就不再把注意力集中在從下往上的感官輸入訊息，而打算靠著由上往下的預測頂替。

不過，我想也可以解釋成，如果這個部分受到阻礙，大腦就可能作出錯誤的預測，或是無法修正錯誤的預測，最後錯失了停止把注意力集中在由下往上的感官輸入的時機，導致無法達成為了特定目標的行動。

我聽過當運動員和藝術家進入了所謂渾然忘我的境界時，周圍所有的景物會變得非常清晰，看起來一清二楚。有關這個現象，我的想法尚未成熟到能夠設立假設，但我認為「感覺靈敏銳利」這句話的反面，或許意味著是由上往下產生的預測值與實測值持續呈零誤差的狀態吧。就像投手能準確投出球速正好是一百四十三公里的球，我想也只有完全掌握自己體現認知的人，才有辦法進入這樣的境界吧。

為什麼需要例行性動作

大谷翔平最為人所知的事蹟之一，是他一定會先在熱身時完成例行性動作再進入練習。據說每位運動員和藝術家都有一套獨有的例行性動作，顯然他們這麼做並不是為了祈求神佛保佑，那麼為什麼例行性動作對他們如此重要呢？

如同本書至今為止所述，我們必須得到線索才能建立正確的體現認知。為了建立更好的假設，線索當然是多多益善，比起靜止畫面，絕對是以動畫的型態加以理解更好，而我們在很多場面都經常以靜止畫面的型態進行思考。

舉例而言，不論是體溫還是體重，比起當天的實測值，更重要的是變化率。或者說最重要的是自我評估與實測值之間的落差有多少。包含我在內，體現認知較低的人，自我評估與實測值之間的落差，不論正負值都比較大。

具體而言，你替「今天的手感」、「今天的狀況」打下的分數，和實際數據或表現之間的差距愈小愈好。為了盡量縮短差距，首先要做的就是收集大量數據，盡可能設立正確的假設。為了掌握變化，我們必須先知道慣例是什麼，例如做收音機體操。雖然慣例很重要，但是，只要同一件事做久了，不論是思考還是動作，大腦就會想要抄捷徑。

為了避免這種情況發生，我們不要天天都做收音機體操。如果今天做了收音機體操，那明天就改做瑜珈，後天再換成太極拳。我希望你藉由動作的變化來預估自己身體的狀態，我相信每個人都會找到「以前應該做過，但已經好幾十年沒有嘗試的身體動作」，所以你不妨考慮，把嘗試新動作後身體的適應程度當作替今天身體狀況打分數的依據。

另外，不是只有運動可以當作評估自己大腦狀態的指標，你可以挑一天做數學計算，另一天改成閱讀，甚至用睡眠和食慾推估也是可行的方法。我建議你把盡量接觸新事物當作每日例行公事的一部分，這樣就可以從投入與感興趣的程度，了解自己的心之所向。有關如何提高情緒的解析度，我會在第七章詳細探討。

以我自身的經驗而言，我敢肯定的是，提高對自己的解析度很重要。重新挑戰「以前應該做過，但已經好幾十年沒有嘗試的身體動作」，本身就是有趣的事，而且也能感受到對自己的體現認知慢慢提高。再者，能夠隨心所欲活動自己的身體，在本質上確實是一種會帶來快感的獎勵。

最近我剛好搭上了一班擠得像沙丁魚的電車，被擠到不得動彈的我，因為被人大力推擠，身體也被迫扭成不自然的姿勢。但我反而覺得很開心，因為我告訴自己「太棒了，今天又解鎖了一個之前從沒做過的動作」。被人推擠或被擠到不得動彈之所以讓人不悅，是因為自己想要墨守成規，不願意逃離動作的舒適圈，用腦也是如此。但我希望你能稍微改變看事情的角度，只要稍微打破慣性就恭喜自己。如此一來，說不定你也能用正向心態來面對無的放矢的指責與批評。

什麼是長大成人後得到的最棒禮物呢？答案就是自己的身體。想到自己可以「遊戲人間」，是不是已經摩拳擦掌了呢。

＊第五章的小結＊

- 所謂頭腦聰明，可以濃縮成具備「隨心所欲活動自己的身體」以及「能夠持續努力不放棄」這兩大能力，這也是頂尖運動員和藝術家的看家本領。
- 大腦皮質畫著身體的地圖，在此進行感覺的處理。擁有特定能力的人，其相關領域的腦區體積會增加。地圖會依照大腦的可塑性，以及感覺的喪失與獲得而發生變化。

- 號稱是運動白癡的現象只是因經驗不足造成體現認知的程度低落，所以一般認為並不存在著無藥可救的運動白癡。只要提高體現認知，就能適當控制自己的身體。
- 真正重要的不是肌力訓練，而是強化大腦與肌肉連結的「腦力訓練」。在每天的動作學習與行動中有意識地加入新的刺激，可以提高對自己身體的內在注意力。

第六章

感受性與創造性

前面已經為各位說明，我們就是透過大腦這個過濾器從經驗與記憶作出預測，接著腦內部模型再與實測值進行比對來認識這個世界。大腦具備「突觸可塑性」，可依照狀況重新改寫迴路，逐漸累積成「智囊記憶」的智慧結晶，這是一種讓我們知道「世界就是如此運作」的模型。所謂知性，並不僅是單純的解題能力，也是對沒有答案的問題所展現的「強韌的可塑性」。

上述都是基於個別的經驗與記憶所建立，所以每個人擁有的都不一樣。「我們都不一樣，我們都很棒」在日本是大家耳熟能詳的一句話，但具體而言是什麼情況呢？本章除了逐一探討作為大腦**第一過濾器**的感覺門控，也就是俗稱的「感受性」、「領悟力」，也會和各位一起思考何謂藝術家的創造性。

1　如何撬開感覺過濾器

藝術家的過人之處是什麼

這裡所指的「藝術家」，不單是創造藝術作品的藝術家，也包括詮釋音樂作品的演奏家和歌手，以及透過身體展現的舞蹈家和運動員。如同前述，他們經年反覆練習，因此能夠隨心所欲地運用自己的身體。簡單來說，藝術家就是對自己身體的變化有高度認知的一群人。

另外，他們也都會做一件事，就是將自己的「智囊記憶」外化。從這個層面而言，作家、研究員、藝人、主持人等也算是另類的藝術家。

容我再次提醒，並非所有映入眼簾、傳入耳中的都會形成知覺。透過各個末梢器官匯入的五感資訊，除了嗅覺以外，都會被送到存在於視丘的「感覺門控」進行篩選。本書將之稱為大腦的**第一過濾器**、感覺過濾器。只有變化尤其顯著，應該特別注意的資訊才會被保留下來，送到大腦皮質，最後形成知覺。這也是為什麼明明眼睛張開卻沒看到、聽力毫無問題卻沒聽到的情況會發生。

舉例而言，我們搭飛機和新幹線時聽到的噪音和在咖啡店聽到的他人對話聲，聽了一段時間後就不會那麼在意了。如果身處在家庭餐廳等會播放背景音樂的地方，我們就更不會注意別人的說話聲。原因是把注意力放在變化更明顯的事情上是大腦的特質，所以我們的注意力會從講話聲轉向變化更大的音樂聲，於是說話聲就不會傳進耳中了。

我相信很多人都有過只要打開空調，就覺得時鐘秒針的滴答聲好像變小聲的經驗。這種現象稱為遮蔽效應（masking effect），也就是兩種鄰近頻率的聲音中，較強的聲音會遮蔽較弱的聲音。就像公共廁所安裝的流水聲裝置，也是應用了遮蔽效應的產物。

相反，即使當我們置身在吵得鬧哄哄、什麼都聽不清楚的派對現場，但只要有人叫到自己的名字，或是聽到什麼好康情報，卻都不會錯過，聽得一清二楚。

以我個人的經驗為例，以前我曾經受邀在國外某個學術會議發表論文。與會者都是研究員，會場也陷入一片混亂，但是大家還是各抒己見，暢所欲言。置身在人聲鼎沸、難以聽清楚談話內容的我，也非常努力用英語和大家對話、回答問題。沒想到聚精會神的我卻在聽到日語後破功，沒辦法繼續專心。

所謂的感受性是磨出來的

如同前述，這點也是我個人的看法，我認為眼睛、耳朵、舌頭、皮膚等感覺器官，並沒有很顯著的「性能好壞」之分。上述的感覺器官都各有受器，不過受器的密度和分布確實有差異。尤其是接收視網膜上的RGB（紅、綠、藍三原色）特定頻率的光的色素細胞，每個人擁有的數量差異很大，有些人甚至沒有。完全沒有色素細胞的狀態就是所謂的色覺辨識障礙（色盲），與性能好壞無關。另外，處理舌頭味覺的細胞號稱每兩週更新一次，所以常說的「舌頭很靈」，靈的不是舌頭，而是處理舌頭訊息的神經還有大腦。

同樣地，大腦的**第一過濾器**、感覺過濾器的基礎部分是人與生俱來的特質，沒有好壞之分。大部分的人都可以毫不費力地作出篩選，感知自己在沒有察覺的情況下處理的事情。舉例而言，指揮家要帶領有幾十名團員的交響樂團，他除了要確認所有的樂器是否協調一致，也必須具備能夠從合奏中單獨聆聽長笛、小號等個別樂器的特質。

換言之，感覺過濾器的特性才是真正的感受性、領悟力，而且我認為每個人具備的特質都不一樣，有很大的差異。HSP（highly seneitive person）就是所謂的「高敏感人」，自從這個概念被提出後也曾經受到一時矚目，但是，這個世界上存在著某些對刺激的反應比一般人強烈、對細微變化有著更高感知能力的人，根本是不足為奇的事。把每個人的感知力都預設在同一個水準是社會本身的問題，而這群敏感的人只是無法配合與承受。就像到了夏天，辦公室的冷氣要設定在幾度的問題，也絕對不是「統一設成X度」就能解決。當然了，這也不是靠著拼命三郎的精神就能克服。

不過，正如上一章所述，只要撬開感覺過濾器，就能讓我們注意到那些原本會在非意識狀態下被刪除的訊息，所以當我們坐在家庭餐廳時，有可能聽得到鄰桌的對話，觀察力也可能敏銳到發現樹上的葉子，原來顏色都不太一樣。我想每個人都有這樣的潛力，只要經過訓練就能展現。不過，以我個人為例好了，當我打算撬開感覺過濾器時，必須耗費更多的專注力與力氣，但天賦異稟的藝術家們，可以不費吹灰之力就做到，或者說他們也是經過一番苦練才達成。

2 大腦如何理解藝術

藝術的原動力竟然是覺得很可愛?!

接下來我想探討的是，大腦在我們理解藝術的過程中到底扮演著什麼樣的角色。我認為對藝術的理解，可分為創作和欣賞兩種立場，接著我就從腦科學的觀點，探討兩者對藝術的理解是怎麼一回事吧。

首先要複習我在第二章已經稍微提過的壓力反應。壓力反應這四個字乍聽之下給人一種很負面的印象，但我希望你記住的是，大腦追求的首要目標就是無風無浪，平安無事。這是細胞具備的體內恆定機制，只要讓腦內環境保持穩定，大腦就能夠接受變化。大腦具備的可塑性，也會為了適應外界變化而提高，也就是「不變的是要持續改變」。

因此，只要大腦受到刺激，導致腦內環境發生變化，它就會用盡全力想要恢復原狀。在這個過程中，也會產生藉由電信號傳遞訊息的電突觸。如果大腦發現無法應付現狀，就會使突觸傳遞的效率提高，或者弱化多餘的突觸傳遞，使腦部迴路發生變化以達到維持現狀的目的。

大腦感知的刺激，幾乎都會在非意識的狀態下被刪除，為了保持腦內環境穩定，身體的因應之道是引起心跳加速、冒冷汗、分泌各種荷爾蒙等生理反應。大腦在感知身體的變化後，這些訊息會通過大腦的**第一過濾器**形成知覺，被當作情緒處理，成為快樂、不悅、恐怖、厭惡等情緒。另外，我的理解是這些情緒被轉換為語言後，就是我們所說的「情感」。

在這個解釋的過程中，依據個人經驗所建立的「智囊記憶」至關重要，因為我們就是以此作出「世界就是這個樣子吧」的腦內部模型預測，接著觀察預測值與實測值之間的誤差。

當我們看到覺得「好可愛」的事物時，這種感覺首先會被當作壓力反應處理，再以情緒的形式顯現。也就是胸口被揪緊（瞬間怦然心動）中「揪緊」的部分。接著我們會把「揪緊」放入經驗庫比對，最後把這種感覺解釋成可愛。

除了小貓和小狗，我相信不少人看到小孩子也會產生「好可愛」的感覺，這是所有動物共通的生理反應。雖然大概只有人類會以語言表達這就是「好可愛」的感覺，但是看到小孩子時所產生的生理反應，不論動物和人類都會有。這是在幾億年的生命演化過程中，持續被保存下來的普遍反應。快樂、不悅、恐怖、厭惡等原始情緒，是壓力反應的實質結果，也是普遍的存在。

藝術會引起這種普遍的情緒反應，所以不斷引起人的興趣。大腦一方面希望「一切平安無事就好」，但也有喜歡新鮮刺激的一面，可說是自相矛盾。換句話說，生命存在的首要意義是「最好不要有變化」，而藝術正是與之矛盾的行為。雖然「不要改變規則」是我們傳承自老祖宗的原廠設定，但我覺得「想要自由變化」才是大腦內在的心聲。

藝術家做的就是向外界展示自己的腦內部模型

所謂創作就是面對自我的作業。不論是具象畫還是抽象畫，我們都是透過作品一窺藝術家的內心世界，尤其是他用於理解這個世界的「智囊記憶」。

我想有些人會覺得抽象畫和現代藝術很難懂，不知道該如何欣賞，所以也無法理解這些作品到底好在哪裡。我以前也是這麼想，不過，目前已經證實，欣賞風景和人物等具象畫與欣賞抽象畫時所使用的腦區不同。

欣賞具象的作品時，會被活化的主要是位於大腦後方、負責處理視覺訊息的視覺皮層；而欣賞抽象作品時，不單是視覺皮層，連大腦前額葉和參與情緒的腦區都會活絡起來。這些腦區是與計畫、推論、思考和認知有關的部位，與記憶和意識的關係很密切，也參與了對過去經驗的反省、將來的計畫。換句話說，欣賞具象作品時，我們實際上是把它當作風景和人物在看，而欣賞抽象作品時，可說是透過作品看著自己的內心。

我以前之所以看不懂抽象畫，或許是因為我以為是要用眼睛看就可以理解。欣賞抽象畫的樂趣在於享受看畫時，自己內心的變化，因此，藝術的鑑賞方式與存在意義也變得更加明確。

我認為欣賞藝術的方式不只一種，不論是偶然看到的藝術作品還是自己一直都很喜歡的作品，就算說不上來哪裡好，只要自己覺得可愛、好看，內心受到感動就好。相反，盡可能用語言表達這件作品的優點、用心感受，並細細品味也是一種方式。如果花點時間了解創作者的人生觀與生活軌跡，以及創作的時代背景與社會樣貌，我相信我們就能以不同的眼光來看這件作品。當然，完全不想加強背景知識，只想單純欣賞作品也沒有問題。總之，每個人都可以自由選擇喜歡的方式。

3 為什麼欣賞藝術會讓人感到快樂

顧客追求的是新奇的體驗

接下來我要談的話題和藝術無關，但最後還是會拉回正題，所以請容我先繞點路吧。

不知道你是否聽過腦神經行銷學（neuro marketing）？這是一門新興的領域，也就是從腦科學的立場，找出如何討大腦歡心，進而提高消費者購買商品的意願的方法。或說是研究消費者購買決策的心理歷程、大腦在消費行為中扮演什麼角色的學問。

外行人的想法可能是「只要東西賣出去就好了」，但是就行銷學的角度而言，顧客真正想要的不是商品本身，而是為了體驗而付錢。購買某項商品時，消費者期待的是自己的生活會變得更方便，或者會改變既有的價值觀。身為消費者的我，聽了也覺得頗有道理。

我們每個人或多或少都會對某些事情抱著期待，而負責掌管無形的「期待」之心的也是大腦，前面已經提到參與其中的是名為多巴胺的神經傳遞物質。換言之，期待是一種學習指標，讓人為了盡可能得到最多的獎勵而付諸行動，若結果與預測出現誤差就進行修正。

當我們得到的獎勵超乎預期，就會感到幸福和興高采烈，產生「以後還想要」、「想要得到更多」的渴望。這份渴望如果過於強烈，就會演變成賭博成癮和強迫性購物症等成癮行為。我沒有聽過有人對新奇體驗上癮，但每個人多少都渴望新奇的體驗，比方只要發現手機有推播通知，就一定要馬上點開確認，以免「錯過什麼新聞」。

雖然是題外話，但有研究數據顯示，一旦人的注意力被打斷，就要花費兩三分鐘才能恢復。換句話說，只要聽到手機的推播鈴聲或看到電腦的推播通知就忍不住想立刻確認，那你的專注力就被打斷了。聽到一次提示音就損失兩三分鐘，絕非誇大其辭的說法。看到這裡，有沒有人覺得很懊惱呢。

把白天不方便做的事情，挪到不會跳出訊息的晚上來做的行為稱為「報復性熬夜」。但是報復性熬夜會導致隔天精神不濟、結果繼續熬夜的惡性循環，最後演變成慢性疲勞，所以我最近把手機設定成僅通知重要訊息。我並不是要怪罪手機，但是要接收多少訊息絕對是操之在己。

回到正題，有許多人對追求新知、未知體驗、非日常的感受趨之若鶩，但這就是大腦的天性，我們也無可奈何。就像只要知道哪裡又有新的打卡景點就想去踩點、只要主題樂園引進新的遊樂設施就會大排長龍，都是一樣的道理。異於日常的空間、跳脫日常、尋求不同的生活體驗，永遠都是我們追求的目標。

藝術帶來的快樂是什麼

與其說藝術也具有帶來快樂的效果，不如說對人類而言，藝術本來就能帶來快樂的存在。每個人的人生照理說都是僅有一次的經驗，但是透過替代體驗，體驗他人的人生，可以讓我們看到未知的世界。如此一來，我們的「智囊記憶」就能夠獲得更新。有關替代體驗我會在第七章再次詳細說明。

「智囊記憶」的重要性之高，即使將之稱為大腦的主宰也不為過。每一次的更新，本質就是幸福與快樂。

我們在欣賞藝術品的時候，實際上近似感覺剝奪、沉浸在自己的世界。所謂的感覺剝奪，就是阻斷來自外界的感官訊息，使其無法形成知覺的方式。而面對自己的內心，就是觀測腦中的「智囊記憶」，或者有時需要加以重新製作，可說是很接近做夢的狀態。當我們清醒的時候，幾乎不會直接面對或意識到「智囊記憶」。

舉例而言，這幾年很流行的坐禪和正念冥想，也是藉由感覺剝奪來徹底檢視自己的內部模型、內感受（內臟和肌肉等器官的功能）。從這點而言，可說和欣賞藝術有同樣的效果。內感受與大腦相通，目前已經證實其中一部分只要進入大腦，就會活化多巴胺參與的獎勵系統，或許這就是不論是冥想還是欣賞藝術都會讓人上癮的理由。

欣賞藝術時的快樂，就像讓人搭上了情感的雲霄飛車，一開始是置身夢境般的陶醉感，接著是迫不及待想要更新智囊記憶的興奮感，還有藉由內感受使獎勵系統得到活化、從新奇體驗得到的刺激感與歷劫歸來時得到的安心感等。也難怪會讓人欲罷不能呢。

藝術是孕育「大腦持久力」的搖籃

從研究者的立場來看，我認為就找出課題、建立假設、提出解決方法這幾方面，藝術家和做研究、發展事業其實沒麼不同。舉例而言，他們都會遇到不知該如何清楚表達自己心情的時候，除了我覺得好美、好喜歡的正面情緒，也包括憤怒、憎恨等負面情緒，我相信他們也曾因為無法順利表達而煩躁不安。差異在於，藝術家用一幅畫或五分鐘的音樂等表達自己的想法，同時這也是他們用來解決課題的方法。而觀眾和聽眾可以從中得到感動，或是獲得生命的啟發。

轉換為語言和採取有形的行動並不是解決課題唯一的方法，另外也有自我完成式的解決方法。藝術會告訴我們方法，這個方法就是本書不厭其煩、一再強調的，我們要做的不是以最快速度找到唯一的解答，面對可能沒有標準答案的問題，懷著難以釋懷的心情與其共存，或許也是可行之道。

最近，連教育也開始發現藝術的重要性。以往，為了培育科學技術基礎人才，把理科領域的技術與知識當作學習重點的STEM教育（Science Technology Engineering Mathematics，科學、技術、工學、數學）一直是主流。不過近年來，名為STEAM（STEM+Art〔藝術〕）、STREAM（STEAM+R）的教育方法也開始受到重視。

這些教育把焦點放在藝術、領導能力、溝通能力等社會情緒技巧的發展。從社會情緒技巧的觀點而言，STEAM教育重視的是學習者的溝通能力、同理心與創造力等，被視為培育VUCA時代所需技術的重要一環。另外，這些教育也能藉由讓學習者接觸不同的領域與文化，產生更多新奇的體驗。同時備受期待的是培育學習者對多樣性的理解與包容心。

STREAM教育的R是什麼呢？有人說是代表「Reading」和「wRiting」，即讀解能力與寫作能力。但還有其他兩種說法，一種是與機器人學習和自動控制系統相關的技術「Robotics」；另一種是學習者定期審視自己的知識與技術，適應新知與狀況的「Review」（複審）。另外也有人認為是「Reality」，代表為了面對現實世界的問題與課題所需要的能力。不過，正如本書一再強調正視自己內心的重要性，我心目中的R是代表內省的「Reflection」。順帶一提，E是代表倫理的「Ethics」；M除了是「Mathematics」外，當然也包含了「Music」（音樂）。

對於生活在AI時代的我們，藝術早已超過純粹的嗜好和興趣的範圍，而是不可或缺的重要存在。透過藝術，我們不但可以加深對自我的理解，也能得到提升情緒控制能力與同理心的效果。我在下一章將會探討情緒控制與對他人的同理心。

＊第六章的小結＊

- 藝術家擅長外化自己的「智囊記憶」，經過持之以恆地反覆練習而擁有高度的體現認知，能夠隨心所欲地運用自己的身體。
- 每個人對藝術的理解，都是基於個別的「智囊記憶」與腦內部模型，使我們在欣賞藝術作品時產生各種情緒。
- 就找出課題、建立假設、提出解決方面的層面而言，藝術家和做研究、發展事業很類似。他們透過藝術作品表達難以言喻的情感，為觀眾帶來感動與生命的啟發。
- 教育領域也重新意識到藝術的重要性，除了STEM教育，也開始重視STEAM教育、STREAM教育。這些教育的目標是培育社會情緒技巧、溝通能力、同理心、創造力，並透過新奇體驗強化對多樣性的理解與包容力。

第七章

感受他人的情緒

從二十世紀後半到二十一世紀初，心理學家丹尼爾・高曼（Daniel Goleman）大力提倡了情緒智商（EQ）的概念，它被視為處理自己與他人情緒的能力，愈來愈受到重視。EQ跟自我認知能力、情緒控制與社會情緒技巧等要素有關，而這些要素也是個人成功與幸福的一大助力。對自我情感的解析度高，又懂得控制情緒，而且還能感受他人情緒的人，絕對是個聰明人。另外，為了發揮溝通能力與領導能力，也必須具備不屈不撓的精神。本章將以大腦持久力為觀點，探討上述的社會情緒技巧。

1 心和情感都是人類專屬的嗎

長久以來人對心的理解是什麼

說到心和靈魂，或許有些人馬上想到的是自己離開了身體，在肉體之外活動。不過，現在有很多人，已經開始接受心的實體就是大腦的說法。其實，沒有多久之前，大家都還以為大腦是冷卻血液的裝置，而心按照字面上的意義，是位於心臟，或是存在於下腹部和子宮等處。

正如日語中也有「沁入五臟六腑」、「腸子都煮到滾了（意思是氣到快要爆炸）」的說法，看起來人似乎覺得我們的五臟六腑會感受到喜怒哀樂。事實上，希臘文和希伯來文等古代語言中，亦留下了內臟也有情緒的記述。

內感受如影隨形般跟著我們，例如心臟怦怦跳、下腹部陣陣絞痛等，這些都是受到「情緒」的影響。最近也陸續發現，腸等內臟與大腦之間存在著速度快到超乎想像的神經傳導現象，由此證明內臟感受與內感受確實會對心理發揮影響力。

如上一章所述，藉由藝術欣賞和正念冥想剝奪感官，讓自己傾聽內在的聲音，也就是使自己對內臟的感覺變得更加敏感，提高對自我情緒變化的解析度，說不定對情緒智商而言也是很重要的要素。

心不過是大腦面對各種壓力時，在保持恆定性的過程中所產生的副產物。我們常被心牽著鼻子走，但這不過是「智囊記憶」依照狀況作出適當的反應，沒有任何其他人能影響我們。換句話說，唯一能讓自己受傷的人是自己，能夠讓自己開心的人也只有自己。

是否這樣就可以斷定心不存在了呢？

「情感」與「情緒」有何不同

如何定義心很困難，但擁有喜怒哀樂等情緒是否可視為常態呢？如第二章所述，「emotion」在生物學上被翻譯成「情緒」。這是一種面對壓力時所產生的生理反應，從昆蟲乃至人都同樣具備。

舉例而言，當我們眼前出現個性兇暴的動物（例如熊），就會不由自主地心跳加速、起雞皮疙瘩、肌肉收縮等。這些反應由交感神經負責，稱為「戰鬥或逃跑」反應系統。這些內感受經過解讀後，被我們感知成不快或逃避感等，最後由大腦轉化成語言，使我們產生振奮感、恐懼感等情緒。

把事情往對自己有利的方向解釋，是意識的奇異特性，所以一開始我們會露出「不知是何方神聖」的表情，但身體在我們認出是熊之前就已經有所反應了。只是大腦解讀身體的反應，再將之轉為語言的過程需要一點時間。

話說回來，以前都把「emotion」翻譯成「情感」，因此造成混亂的翻譯書籍我也看過不少。舉例而言，如果看到「昆蟲也有情感」這句譯文，相信不少人都會很驚訝地表示「啊、真的嗎？」；「emotion」真的只能翻譯成「情緒」。至今讓我最心服口服的解釋是，「所謂的情感就是轉換成語言的情緒」。這裡指的是人類能夠理解的語言，不過如果有其他動物能夠把自己的情緒轉換成語言，那就無法否認牠們也有情感。但是目前還沒有辦法證明這一點，所以暫定具有情感的只有人類。

無法以語言表達想法的寵物，看似也有真情流露的一面，但我認為這可能是人天生以為「萬物皆有情」的特質所致。有關這點我之後會再次說明。

2 情感、意志、行動的順序

在形成知覺前搶先一步

「是因悲傷而哭泣，還是因為哭泣而悲傷」的問題從以前吵到現在，但至今仍未有定論。

另一方面，也有人指出我們下決定比行動慢了一步，有可能是先做再下決定。這個說法是基於班傑明．利貝特（Benjamin Libet）在一九八三年進行的一項驚人實驗。

利貝特在受試者面前放了一個類似碼錶的裝置，要求他在想要按下按鈕讓指針停止時舉起左手或右手，而受試者的運動皮層腦波變化會被全程記錄下來。相信各位不難理解，從受試者打算按下按鈕後到這個動作實際執行之間，一定會有落差。但是，讓人大吃一驚的是，在受試者有意按下按鈕的〇．三五秒前，運動皮質的腦波已經開始反應了（圖十）。

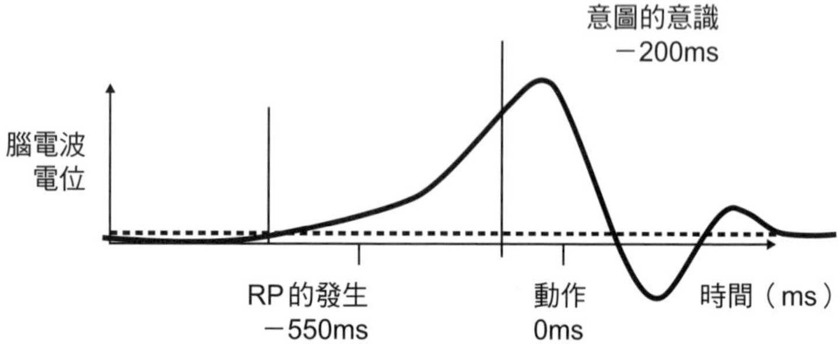

【圖十】利貝特的「準備電位」（RP）實驗

在「意識」到要決定按鈕的〇・三五秒前，大腦發出的電波訊號稱為「準備電位」（RP）。此時出現的準備電位，引起了很大的爭論，有人開始質疑人是否具備自由意志。自由意志的存在與否不是本章要討論的重點，但我希望你記住的是，在我們意識到要下決定時，大腦已經搶先一步。這點和我們長期以來的認知剛好相反，我們一直以為先下決定的是人的意識，要採取什麼行動都是基於自己的選擇。

情緒的概念是什麼

有人說雖然沒必要因為悲傷而流淚，但哭泣會使人變得更悲傷。我想這句話可以指發覺自己在哭，接著經過分析，最後解釋成因為自己陷入悲傷的情緒。這種情況就像我們會依照前因後果，選擇適當的情緒表現出來。

因此我們觀察個人的情感流露時，當事者完全依照主觀解釋自己的情緒，旁人不得而知，甚至有時連當事者本人都不清楚，例如哭泣流淚不一定就是悲傷。相反，表達哀傷的方式也因人而異，絕對不是只有哭泣一種。

其實也可以解釋成我們連情緒也加以概念化，當作「智囊記憶」準備好，再與實測值比對，最後選出最適當的表露方法。心理學家麗莎・巴瑞特（Lisa Feldman Barrett）就認為情緒沒有本質，提出了「情緒建構理論」（theory of constructed emotion）。另外，她把透過表情測量腦的反應，再用來預測情緒的做法稱為「古典情緒理論」（classical view of emotion）。

舉例而言，不論看到吉娃娃還是黃金獵犬，我們同樣將其歸類成狗。說到狗的時候，我相信每個人腦海中浮現的狗的形象，一定都不一樣。即使如此，當我們看到新種類的狗時，還是能夠把牠歸類成狗。我們的認知就是透過這樣的過程逐漸發展，這種現象稱為「基模的同化」。

同樣地，我們也會在人生中學到流露情感的概念，例如遇到這種情況是火大，遇到另一種情況是焦躁、氣炸了等。接著，等到壓力反應產生，就會比對情緒概念，再次產生合適的情緒並表達出來。聽起來挺複雜的呢。

既然有實測值，智囊記憶自然不會錯過這個機會，也會想問「最符合我手邊這份資料的情緒是什麼呢」，所以它也會根據經驗與前因後果表達自認為合適的情緒。智囊記憶的角色，有點像Siri之類的人工智能助理軟體，或者也可以說是圖書館的管理員。

總而言之，缺乏經驗就無法表達恰當的情緒，而且智囊記憶也可能作出錯誤的選擇。

容易讓戀愛經驗不足的人產生誤解的「吊橋效應」

如果要舉例說明，最有名的非「吊橋效應」莫屬。對很多人而言，過吊橋就是恐怖的代名詞，只要聽到要走吊橋，前述的「戰鬥或逃跑反應」就會啟動。有趣的是，有些人一旦克服了心理障礙走過吊橋，就會把心跳加速、流手汗等交感神經的變化，誤認成對身邊的異性產生心動感覺。

有人進行了相關實驗，將彼此不認識的男女配對，接著預測哪一對會有後續發展，每對男女的行動都受到實驗小組的監控，心跳加速和流手汗等情況也持續受到監測。那麼，大家覺得哪一種情況的亂點鴛鴦譜是真的有譜呢？

一般而言，原本素不相識的兩個人要拉近彼此的距離，理由不外乎是找到雙方共同的興趣而聊得很投機、眼神接觸頻率高、互相看對眼，但從有點煞風景的科學角度而言，關鍵是心跳加速和流手汗等交感神經的變化在兩人身上同步發生。簡單來說，一起體驗小鹿亂撞感覺的組合，後續順利發展的機率最高。

不僅限於戀愛，一群人只要一起坐上雲霄飛車或勇闖鬼屋，擁有共同的情緒體驗就會培養出好交情，或許也是出於這樣的機制。或者與對方同為受災戶，在互助下培養出好交情，也可能是因為彼此共有同樣的情緒經驗。

這樣的情緒該解釋成何種情感因人而異，很難達成共識，但就結果而言，或許只要雙方交感神經的變化程度同步，就稱得上是極致的心心相印了。美中不足的是，自律神經的主導權不在我們自己手上。

3 該怎麼做才能互相了解

說到底，我們始終無法了解彼此嗎

說到底，我們的判斷指標只有他人的表情和言行舉止，只能靠這兩項推測別人的心情。不過，把大腦的**第三過濾器**的特性——「要不要表露」——一併考慮的話，就算表露了，心裡也不一定這麼想；就算沒有表露，也不代表沒有這樣的想法。前面提到我的祖父永遠板著一張毫無表情的臉，甚至連我本人也曾經被揶揄是面癱，殊不知我內心激動的程度是別人的兩倍，感動的程度更是超過好幾倍。

到頭來，即使看到、聽到同樣的東西，但因為大腦有三個過濾器，要完全互相理解很困難。**第一過濾器**是感覺門控系統，**第二過濾器**是由經驗與記憶組成的預測，**第三過濾器**是決定表露與否的過濾器。所以就算所見所聞相同，反應也會因過濾器的作用而異。

與其在意這個問題，我認為更重要的是互相包容彼此的差異。

在本質上無法互相理解的我們，之所以能夠共同建構一個社會，是基於社會的共識。我的故鄉有一座名為大沼的湖泊，至於看起來是沼澤還是湖泊就見仁見智了。但是只要取得「這是湖」的共識，就可以避免無益的紛爭。這類的社會規範會成為經驗，最後化為智囊記憶，形成世界的模型。

同樣地，我們也是基於對方應該會將心比心的前提來溝通，其實這也像是小型的社會共識，有利於推動各種事情。另外，認為「萬物皆有心」是大腦與生俱來的特質，這就是大家熟知的「心智理論」。舉例而言，我們連看到電腦螢幕上兩個互相作用、閃爍不定的點，都會感覺到意圖和意志的存在。

即使基於社會共識推測心的想法，但每個人的解釋各有不同，所以最後也不得不承認互相理解是很困難的事。如此一來，我們在進行溝通時必須展現更多的耐心。

近年來，大家對心理安全、自我肯定型溝通（assertive communication）、一對一會議等溝通相關的議題愈發關注，我想這也表示意識到溝通出現問題的人愈來愈多吧。即使自認溝通順利，但實際上只是一人唱獨腳戲的情況可能也不少吧。

我還在念書的時候，有次在國際學術會議上進行已經忘記是第幾次的論文發表時，曾經暗自心想：雖然我的聽力還是不行，但口說能力倒是進步不少啊。豈止如此，我甚至覺得我這次講得太棒了。我當時根本沒想過我只是自顧自地滔滔不絕，完全沒有注意對方理解多少、有沒有問題要問。現在的我當然已經很清楚，人只有在菜鳥階段才會對自己的表現感到滿意，但即使到了今天，我還是會感到不安，擔心自己是不是在自說自話。

我會有這樣的顧慮，是因為我有過這樣的經驗。我自認和一位年輕時就認識的朋友一直保持好交情，所以和他相處時常常口無遮攔，我自己完全不以為意，沒想到他某一次突然和我翻臉了。後來我才知道，原來他之前只是為了配合我而一直忍耐。不過，我也有過立場對調的經驗，對方除了要我配合他，也表現出一副理所當然的態度，最後我對他終於忍無可忍。

雖然這都是年輕氣盛時的往事，但透過這兩次立場相反的經驗，我也意識到人際關係不順利，十之八九都是溝通不足所致。從此以後，當我愈覺得「這段關係現在維持得很好呢」，我反而會愈體貼與顧慮對方的感受。我甚至覺得若想維持人際關係，最好抱著「說不定一不小心就會被我搞砸」的想法更為保險。總之，人與人的交往絕對少不了持續的溝通。

先從小處著手

心是自己的專屬物，所以如果想理解他人的情緒，唯一的方法是先提高自己的心的解析度。

舉例而言，正如麗莎．巴瑞特的研究結果指出，人往往無法區分自己是不安還是憂鬱。看到這裡，或許有些人忍不住驚呼：「啊？不安和憂鬱不是一樣的嗎!?」別擔心，會這麼想很正常。不過目前已經確認的是，對自己內心狀態解析度愈低的人，愈容易得到憂鬱症等精神疾病。我曾聽過這樣的說法：小嬰兒無法分辨肚子餓和尿布髒了的難受感覺哪裡不同，所以一律以哭泣來表達。雖然幼兒已經學會以言語表達自己的感受，但是有時仍然會鬧脾氣，這是因為無法用語言精準描述自己的想法。

但是父母和孩子溝通時，只會強調「你現在這麼躁就是因為心情不好」。我認識的心理諮商師曾經和我分享，他的工作內容很單純，就是為委託當事人的情緒指揮交通。或許是因為即使我們已經長大成人，但有時候還是無法透過語言表達自己的心情而陷入恐慌吧。

我在學生時代有位固定的「諮商師」，只要做實驗遇到瓶頸，就一定會去找那位學長商量，或許連他本人都不太記得當年有這回事了。我這麼做的原因很簡單，因為我往往能在思考如何把自己的想法轉換成語言好好說明的過程中，發現自己的問題所在，所以在我走到學長的座位之前，問題就已經解決了。但是我還是單方面崇拜這位學長，認定他就是能夠替我解決各種疑難雜症的大神。

自己就是最好的研究對象

如同我在第五章所述，自己的身體就是這輩子最理想的研究對象。第一步，請大家培養出對自己的興趣。

指導過多位頂尖運動員的教練曾說：「資歷愈深的運動員，對自已身體的解析度愈高。」據說他們能夠精準說出今天身體哪個部位感覺不錯，還能具體描述關節疼痛的特徵。相較之下，資歷較淺的選手使用的都是精確度較低的用詞，像是「說不上來的不舒服」、「總覺得全身都不對勁」。

另外，某位補習班講師透過長年的經驗發現了一件事，那就是順利考上理想志願的學生，會牢牢記住自己在模擬考答不出來的題目，而且會覺得很不甘心。相形之下，成績愈差的學生，愈傾向於炫耀自己從擅長的科目上拿到幾分。

我們之所以不容易發現自己身體狀況的變化，原因是我們把身體當作靜態畫面。前面已經提及如果要轉為動態畫面，需要累積一定的例行練習。情緒困擾也一樣，事後發現當自己處於煩躁易怒的狀態時，接著就感冒的人不在少數。還有因睡眠或營養不足導致身體不適時，情緒也會變得很惡劣。明明情緒爆炸只是身體不舒服造成的，無奈自己對此渾然不覺，才會陷入情緒低潮，或是動不動就發脾氣。

相形之下，頂尖運動員連自己的體重多或少了半公斤都一清二楚，因為唯有充分把握自己的生理節律，遇到身體狀況不佳時，才能有把握地告訴身邊的人「不好意思，我最近狀況不是很好，如果有遷怒大家的行為請多包涵」。我認為這麼做也算是一種圓滑的處事技巧。

除了身體狀況，我認為掌握自己的心理狀態，訂出一套專屬的標準也值得參考。以我個人而言，我的危險信號就是當我覺得每封訊息看起來都像在罵人，遇到這種時候，我就會提醒自己要稍安勿躁。

4 提高自己內心的解析度

所謂的情緒智商就是了解自己

本章一開始為各位介紹了何謂EQ，也就是情緒智商。一般對高EQ的解釋是，能夠敏銳察覺周圍的人的情緒，與人順利相處。能有這樣的表現當然很重要，但我認為我們真正應該努力提高的是對自己內心的理解。為了做好情緒管理，首先知道自己的情緒狀態很重要。

所謂情感，就是轉換成語言的情緒，換句話說，如果不知道如何用言語表達，就無法適當地解析自己的情感。從這個角度來看，想辦法增加描述情緒的詞彙可能大有幫助。例如除了「高興」，可以用「心癢難耐」表現自己的情緒在不同場合的微妙差異。我建議大家試著找出更貼切的說法，以此提高情緒解釋的準確度，也就是「情緒智商」。

有人說喜歡閱讀的孩子之所以能成為情商高的人，是因為可以透過書本體驗其他人的人生，這就叫做替代體驗。如同我在第五章與第六章不厭其煩地說明，盡量從錯誤中學習很重要，畢竟人生只有一次。小說和電影的有趣之處在於，我們可以從中體驗到自己不可能實現的其他人生。最重要的是我們可以透過把自己的情感投射到主角和登場人物身上，達到提高情緒解析度的目的。

大腦存在著當我們看到別人做各種行為時，處於活躍狀態的細胞。這是在測量猴子的腦波時，意外發現到看著研究員在休息時間吃冰淇淋的猴子，大腦竟然明顯活化。研究團隊把這項發現稱為「鏡像神經元」（mirror neuron）。另外，最近的研究已證實，當我們看到別人執行某些動作時，之所以會覺得自己好像也在做同樣的動作，原因是腦中有好幾個區域同時被活化，這些腦區被稱為鏡像系統。

鏡像系統的發現，恰巧可以說明大腦的同理心機制。當我們從電視上看到某個人因受傷而感到痛苦的樣子，我們也會產生同樣的難過感受。實際測量腦波以後，數據顯示，當我們看到關係親近的人痛苦的樣子時，即使掌管皮膚感覺的腦區並未活化，但處理情緒的腦區卻活化了。

日本有句諺語是：以別人的行為為鑑，反躬自省。或許觀察別人的情緒，自問是否能感同身受，也是提高自我情緒解析度的秘訣。

下決定的是情緒

目前已經證實下決定的幕後黑手是情緒。一般人常以為重要決定都是在頭腦清晰、理性的狀態下決定，殊不知理性的功能只是增加選項，但最後拍板定案的還是情緒。

這項事實也透過在以資深法官與素人陪審員組成、最後作出複雜判斷的模擬法庭中實際測量腦波的實驗得到佐證。在大眾的認知裡，資深法官對相關案例如數家珍，照理說應該會參考適當的判斷先例，作出合宜的裁量。但是到了最後的判決時，實際上負責的是掌管情緒的腦區，運作方法幾乎和素人陪審員沒有差別。

另外也有案例是某位女性因罹患腦部疾病，造成一部分掌管情緒的腦區出現障礙，結果她完全無法自行作出任何決定。雖然增加選項的能力仍在，但就是無法作出最後的決定。

最後是有名的電車問題，這是倫理學中廣為人知的思想實驗，最核心的問題是你是否會為了拯救五個人免於死亡，而犧牲一個人的生命。這個問題時常在討論自動駕駛的道德規範時被提出來，自動駕駛是以理性、邏輯為導向，所以遇到為了拯救五個人但必須犧牲一個人的問題時，一定會毫不猶豫作出「犧牲一個人」的判斷。如果自己可以不當直接執行的劊子手，也能夠作出這樣的判斷。問題是，如果會產生和自己直接下手同樣的情緒，判斷的精準度就會因情緒波動而變得遲鈍。

我們從感覺器官接收到的資訊，首先通過大腦的**第一過濾器**進行篩選，接著被送到大腦皮質形成知覺。如同第二章所述，一種是在左腦的語言區轉換成語言的知覺，另一種是沒有轉換成語言直接感知。我們有時會沒來由地覺得情況不對勁，或是雖然說不上來，但總覺得身邊的同事哪裡變得不一樣了，有趣的是，這些直覺有時出乎意料地準確。

這些無法以言語順利說明的情況，大多被我們解釋成第六感，或是日文中所謂的「蟲子的告知」，但是自我情緒解析度高的人，或許能夠把這些直接感覺當作下決定的判斷依據。

本章為各位說明，所謂的情緒智商就是提高自己內心的解析度。尤其對組織領導者而言，EQ在很多方面都是不可或缺的必備能力，包括需要與他人鍥而不捨地溝通、面臨重大抉擇須果斷作出決定，以及必須在挑戰接踵而來，卻無法解決問題的時候等情況。

對別人感同身受，使組織的營運能夠順暢無阻，我認為必須具備幾個條件：首先要坦然接受人與人之間在本質上無法互相理解，並且認同感受性與反應表露的多樣性，同時懂得透過多數的替代體驗替自己在表達情緒時增添更多語彙，以及隨時更新自己「智囊記憶」的靈活性。

＊第七章的小結＊

- 大家開始認知到心的實體是大腦。心是大腦運作下的副產物，情感不過是轉換成語言的情緒，只有人類擁有情感。
- 「是因悲傷而哭泣，還是因為哭泣而悲傷」的爭論未有定論，但利貝特的實驗指出，作出決定的時間有可能晚於實際行動。

● 為了理解別人的情緒，首先必須提升對自己內心的理解程度。藉由將自已的情感用語言貼切表達，可以提升察覺他人情緒的能力。

● 最後下決定的是情緒，理性扮演的角色僅止於增加選項。作出複雜的判斷時，掌管情緒的腦區會變得活躍，而且情緒也會參與最後的決斷。單純被我們視為直覺和「蟲子的告知」的感覺也是情商的一種，能夠被某些人當作判斷依據。

● 領導者須具備的情商包括與他人的溝通、面臨困境時作出正確判斷，以及理解各種感受性的能力。

第八章

負責大腦持久力的星狀膠質細胞

前面的章節已經以各種角度切入，向各位說明「頭腦聰明是怎麼一回事」。當然ＩＱ也是一種顯示智力水準的指標，不過，如果能夠成為不被問倒的「行走的百科全書」，頭腦一定也很聰明。本書也著眼於無法以數值測量的非認知能力，這些能力包括即使失敗也不喪志、堅持到底的精神；良好的溝通能力；理性思考後下決定。即使是沒有標準答案和明確目標的事，也必須貫徹到底。因此，我們必須常用腦，但也必須避免慢性疲勞才能常保健康。

我想把上述能力統稱為「大腦持久力」。

根據最新的研究，「大腦持久力」的運作基礎可能和名為星狀膠質細胞的腦細胞有關。本章把焦點放在堪稱腦中幕後推手的星狀膠質細胞，除了向各位介紹它尚未為人所知的功能，同時也會探討星狀膠質細胞如何達成「大腦持久力」的原理。

1 神經膠質細胞是腦內的幕後功臣

透過最新研究終於為人所知的幕後功臣

如同我在第三章所述，說到大腦，最主要的兩大功能就是由神經元（神經細胞）組成的複雜神經網絡與其可塑性。但是，腦中也存在著雖然很早就被人發現，但其功能長久以來一直被忽略的腦細胞。這些細胞總稱為神經膠質細胞（glial cell）。所謂膠質，各位只要把它想成用來填補磁磚接縫的材料就可以了。

長久以來的認知是相較於神經元會組成網絡以快速傳遞訊息，神經膠質細胞並不會建立特別引人注意的網絡，所以不參與資訊傳遞，充其量只是用來填補神經元之間縫隙的支持細胞。

顯微鏡是用來觀察微型世界的工具，製作技術在十七世紀後半大幅提升。得到新「玩具」的人類，在一八〇〇年代發現了所有生物的基本單位都是細胞，這套理論就是知名的「細胞學說」（cell theory），直到今天依然是生物學的基礎。但無色透明的細胞，即使透過顯微鏡也無法辨識。

直到義大利科學家米卡洛・高基（Camillo Golgi）和他出身西班牙的學生桑地牙哥・拉蒙卡哈（Santiago Ramon y Cajal）開發了利用硝酸銀將神經細胞零星染色的「高基染色法」，才終於能夠詳細記錄腦細胞的型態。這個技術和照片顯影幾乎相同，當然現在也可以重現。它的優秀之處在於只有少數細胞會被染色，所以能看得清楚，但這個方法的機制至今依然成謎。高基和拉蒙卡哈也憑藉這項發現在一九○六年榮獲諾貝爾生醫獎。

有趣的是，高基雖然發現了由神經元組成的神經網絡，但他認為所有的腦細胞會融合成一個巨大的網絡。相形之下，拉蒙卡哈則認為腦細胞是個別獨立的細胞，而大腦的神經網絡由大量神經元組成。換言之，師徒兩人提出的主張南轅北轍，所以高基後來會和拉蒙卡哈撕破臉，甚至在共同獲頒諾貝爾獎的頒獎典禮上脫稿演出，大力抨擊拉蒙卡哈的神經元理論，也就不讓人意外了。

順帶一提，從現存的影像紀錄中，不難看出拉蒙卡哈是個不容易相處的人。另外，拉蒙卡哈的學生李奧・霍爾特加（Rio-Hortega），晚年發現了至今仍充滿謎團的微神經膠質細胞（microglia），但微神經膠質細胞的存在卻被拉蒙卡哈視為無稽之談，因此他在盛怒之下將霍爾特加逐出師門。拉蒙卡哈對神經科學的發展無疑貢獻良多，但也可以想像他精力旺盛且過於狂熱的性格。

神經元的結構特徵明顯，從稱為細胞體的細胞本體伸出的無數個突起，包括相當於接收信號的天線、負責接收來自其他細胞輸入的樹突，以及將信號傳遞給其他細胞的超長突起（通常一個細胞只有一條）。細胞體和其他體細胞同樣具備胞器，像是內含遺傳資訊的細胞核，以及負責處理蛋白質的高基氏體和產生能量的粒線體等等。

神經元細胞有各種形狀，有專家分別指出每一個腦區存在著哪些細胞（圖十一），這些有如樹枝、水草的複雜結構全部都是樹突。一般認為這些形狀都各有其意義，但不論形狀為何，神經元的功能都極為單純，就是接收訊息，再把統合過的訊息傳送給下一個神經元。

另一方面，神經膠質細胞雖然也會伸出突起，但不像神經元那樣會形成網絡般的結構，所以如前所述一直被視為支持細胞。即使後來能夠測量到細胞的動作電

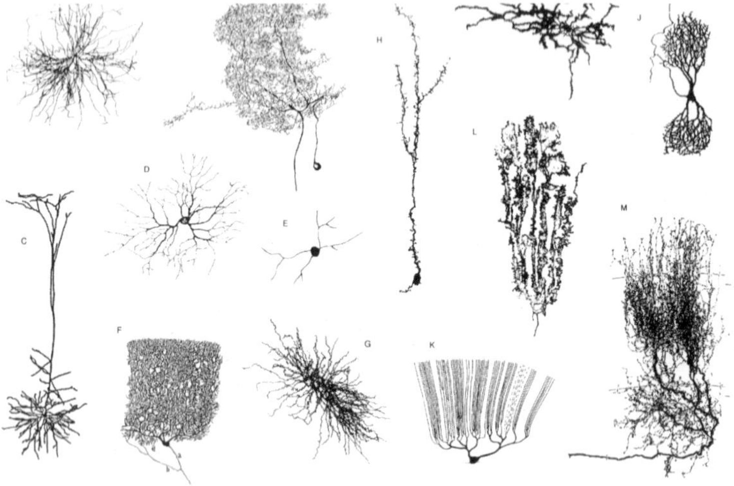

【圖十一】各種形狀的神經元

（改編自："Dendrites", Oxford University,2015; Mel, B.W. Neural Computation, 1994。）

位，但要測量神經膠質細胞有無產生動作電位很困難，而且它不像神經元會出現明顯的變化，所以長期以來一直被認定成可能毫無作用。

但是隨著時代變遷，顯微鏡技術與測量技術也逐漸提升，神經膠質細胞身負著重責大任的事實也逐漸被釐清。最近的研究已經證實，神經膠質細胞在維持健康的腦部功能與腦部的資訊處理上功不可沒。

目前已知的神經膠質細胞有好幾種，以下為各位介紹其中最具代表性的三種。

神經膠質細胞的職責是什麼

首先是微神經膠質細胞，它們的職責就是在腦內巡邏，排除異物和廢物。白血球和淋巴球等細胞在體內是免疫的要角，但大腦也有一套獨立的免疫系統，微神經膠質細胞就是大腦的免疫負責人。

神經元之間會形成突觸，建立傳達訊息的網絡。但是為了提升處理效率，神經元也會去蕪存菁，剪掉多餘的神經連結，這個機制稱為「突觸修剪」（synaptic pruning）。有報告指出粒線體在突觸修剪的過程中發揮很重要的作用，另外也有人認為，當有某些原因造成突觸修剪未能順利進行，使神經迴路無法改善，就有可能導致以自閉症類群障礙為代表的神經發展疾患。

微神經膠質細胞的工作包括巡邏，它會伸長突起，隨時穿梭在神經元之間，確認腦內環境有無異常之處，一旦看到廢物就帶回細胞內部清理。這個動作看起來像在吞食垃圾，所以這個功能被稱為「吞噬」。

其次是寡樹突膠細胞（Oligodendrocyte），它會伸出突起，纏繞在神經元的軸突上，形成髓鞘（別名神經鞘）。它會調節動作電位沿著軸突傳導的速度，使動作電位在神經纖維上快速傳導。擁有髓鞘的神經稱為有髓神經，沒有髓鞘的則稱為無髓神經。

說到神經纖維具導電性和會產生動作電位的原理，就不得不提一九四〇年代曾使用長槍烏賊的巨大軸突來進行研究的歷史。

長槍烏賊的「神經很大條」，纖維的直徑粗到肉眼可見，不過這些神經都是無髓神經。大家只要想想自來水管就很清楚，如果有無限的水源，水管愈粗，送水的速度就愈快。一般認為生物在演化過程中體型巨大化的原因可能是因為必須加快速度以傳遞更遠的距離，因此發展出讓神經變粗的策略，以提高生存機率。我可以想像，要以這麼粗的神經纖維讓大腦複雜化幾乎是不可能達成的。

相較之下，人類的祖先在演化的某個時間點發展出相當於寡突膠細胞的神經膠質細胞（許旺細胞）；雖然神經纖維很細，但還是得到了快速傳導的有髓神經。這也是大腦的結構可以變得更複雜，但又能節省能量的可能原因。總而言之，我們能夠精確、快速地進行神經傳導，寡樹突膠細胞絕對功不可沒。

在無髓神經上傳遞動作電位的速度大約是每秒一公尺，幾乎和人步行的速度一樣。相形之下，有髓神經的傳輸速度可達到每秒一百公尺，與最新型的新幹線速度相當，這個進化實在是相當驚人。有髓神經的外部包覆著一層不容易導電、具絕緣效果的「髓鞘」，所以動作電位會跳過髓鞘，跳躍式地傳導，這種傳導方式稱為「跳躍式傳導」，發現此現象的是日裔美籍的田崎一二博士。

星狀膠質細胞是大腦的明星

另外還有一種稱為星狀膠質細胞的神經膠質細胞，正如字面上的意思，這種細胞的形狀像星星。我們的大腦裡竟然有星星，實在太酷了。老實說，我自己也深受星狀膠質細胞的魅力吸引，總覺得這種細胞好似隱藏著什麼秘密，所以我研究得很勤快。我的故鄉是北海道函館，那裡有一座名為五稜郭的星形要塞城蹟。身為函館人的我，研究的對象竟然是星星形狀的細胞，只能說緣分真的很奇妙。

細胞由表面包覆著一層膜的細胞骨架來支撐其外型；而星狀膠質細胞的骨架是星形，但是表面那層膜的構造更加複雜，類似海綿或鋼絲刷的形狀，所以稱為鋼刷細胞可能更為貼切。

星狀膠質細胞的功能不只是除去腦中的老舊廢物、維持腦內環境穩定，最新的研究顯示，它可能也是參與腦部資訊處理的要角。

本章把焦點放在被視為和頭腦聰明與否息息相關的星狀膠質細胞。絕非我誇大其辭，星狀膠質細胞的工作量之大，我想就連黑心企業的老闆也會覺得太超過了。接著請各位一起看看它的工作表現，保證嘆為觀止。

2 保護神經元的星狀膠質細胞

沖洗掉大腦的老舊廢物

大腦有堅硬的頭蓋骨保護，而頭蓋骨之下還有負責吸收衝擊的腦脊髓液。除此之外，還有三層像水煮蛋的蛋殼與蛋白間的薄膜保護大腦，這三層膜稱為「髓膜」，距離頭蓋骨從近到遠分別是硬膜、蜘蛛膜、軟膜。我們常聽的蜘蛛膜下腔出血，簡單來說就是流出去的血液難以排出體外，導致滯留的血液壓迫腦組織，最終壞死的疾病。其可怕之處在於即使僥倖撿回一命，也會留下嚴重的後遺症。

大腦的重量大約是一千三百克，最主要的成分是脂肪。它和心臟等會跳動的器官的差異是，從外觀無法得知它正在執行什麼功能。不過有一點可以確定的是，大腦獲得的高規格保護超過任何臟器。我們都知道大腦是很重要的器官，但如果剖開頭蓋骨一看，就會發現大腦竟然浸泡在水一樣的液體裡。正因如此，大腦長久以來一直被視為冷卻血液的散熱器。

大腦在頭蓋骨之下浸泡在無色透明的「腦脊髓液」中，腦脊髓液的成分類似不含紅血球和白血球等細胞的血漿，是一種製造於腦室的脈絡叢的無色透明液體。蜘蛛膜下腔與腦室都充滿了腦脊髓液，不斷流動。

腦脊髓液存在的首要意義是作為大腦遭受物理性損害時的緩衝材料，和盒裝豆腐裡有水以減少碰撞是同樣的道理。不過，腦脊髓液的功能並非只有浸泡大腦以發揮保護作用而已，目前已經證實，腦脊髓液會不斷進行新陳代謝，以清除腦部的老舊廢物。

腦脊髓液的流動速度緩慢，一天大約更新四、五次，一旦出現滯留情形，就會引發各種問題。大腦的老舊廢物如果長時間接觸腦細胞，會變得過度活化，甚至產生毒性，必須迅速清除。雖然星狀膠質細胞也有吸收代謝廢物的功能，但還有透過腦脊髓液沖洗的方法並行。

體細胞的機制是利用淋巴液循環以排出代謝廢物，但是在腦內找不到相當於淋巴管的組織。這點長年以來一直是醫學上的謎團。直到二〇一二年在美國進行的研究，才確認流經腦部表面的腦脊髓液會滲透至腦部組織內部，帶走囤積在腦細胞縫隙之間的老舊廢物。β類澱粉蛋白（amyloid beta）是被認為與阿茲海默症有關的蛋白質，不過，即使是年輕人的腦部，也會大量產生這種被視為老舊廢物的蛋白質。或許只要將之徹底排出體外，就可以免於疾病之苦了。

事實上，有人認為讓腦脊髓液滲透到腦部組織所需要的驅動力，或許是由星狀膠質細胞所產生。

星狀膠質細胞擁有一種名為AQP-4的水通道蛋白，在中樞神經系統中，只有星狀膠質細胞擁有這種特殊的蛋白質。一般認為AQP-4可以藉由控管中樞神經系統的水分出入，調節細胞間隙的體積和電解質的平衡。我相信大家只要想想微生物就知道了，掌管水分進出是非常基本的功能。

雖然前面寫到腦脊髓液隨時都在循環、新陳代謝，但已知的是，液體的流向並非固定，而是會隨著身體處於睡眠或清醒而改變。星狀膠質細胞會依照水分的進出調節間隙的體積，空間愈大，水流也愈順暢，相反，如果空間狹小，水流就會變得很緩慢。不知道大家會不會覺得意外，其實睡覺時就是空間最寬敞、水流最順暢的時候。尤其是陷入熟睡狀態時，更能帶走更多老舊廢物。簡單來說，就是替腦部進行高壓清洗。

水流通道的體積，在我們清醒時大約占大腦體積的百分之十左右，在睡眠時會增加至百分之二十。想到大腦居然有五分之一都是空隙，說是「腦袋空空」也不為過呢。有趣的是，嬰兒的占比居然達百分之四十，但隨著年齡增長，空隙的體積會逐漸減少成平均百分之十五左右。另外值得留意的是，AQP-4也會因老化而產生變化，所以有人推測這或許也是造成水流不暢通的原因。同樣地，β澱粉樣蛋白在腦部不正常地堆積或許是造成阿茲海默症的元凶。

就像洗衣機一旦藏汙納垢，衣服就會洗不乾淨，如何迅速讓腦內環境「恢復原狀」也很重要。所謂的頭腦聰明，我想善於整理也算是一種。

保護大腦免於遭受化學物質過度危害

前面談的是使大腦免於受到物理性傷害的方法，另外也有使大腦免於化學性危害的方法。眾所周知腦內有無數的血管縱橫交錯，而各種物質便隨著血液循環被送到身體各處。不過，要讓所有物質進入腦部無疑是項大工程。

舉例而言，神經元的突觸傳遞，經常會使用麩胺酸。麩胺酸是常見的鮮味成分，富含於味噌湯和拉麵中。我們攝取的麩胺酸，大部分會在小腸被吸收，但如果直接送往大腦，就會在無意間產生突觸傳遞。如果不立刻中斷，傳遞就會一直進行下去，甚至導致癲癇發作。

順帶一提，星狀膠質細胞也在突觸傳遞中插上一腳。它會包圍突觸，迅速吸收已經使用的麩胺酸，將之轉換成麩醯胺酸的形式，再送回神經元。聽起來很有SDGs（永續發展目標）的精神呢。

進入大腦的每一條血管，都會被星狀膠質細胞的突起纏繞，構成「血腦屏障」。血腦屏障的功能是進行篩選，阻止血液中的有害物質進入大腦。

三不五時就有人問我：「我為了改善記憶力一直在吃某某保健食品，請問真的有效嗎？」我必須老實說，直到現在我們還沒有完全掌握血腦屏障的篩選標準，不知道有哪些物質安全過關，也不知道有哪些物質會被拒之門外。所以我只能說「我不是很清楚」。其實，我反倒很希望有人能夠告訴我，該怎麼做才能讓保健食品的有效成分順利通過血腦屏障。

俗稱GABA的γ胺基丁酸是近年很熱門的保健成分，其實這也是一種神經傳導物質，最知名的功能是傳達抑制的訊息。我有位朋友是來自德國的神經科學家，他有一次向我開玩笑道：「日本的超商居然有賣GABA耶，我要買回去當伴手禮送同事。」可惜的是，我猜GABA大概也很難通過血腦屏障。畢竟如果真的有效，應該不可能擺在超商販售吧。或許是大家寄望GABA的抑制效果能夠發揮安眠作用，所以才躍躍欲試吧。

另一種情況是好不容易開發出具備優異療效的藥物，但是要如何排除萬難把藥送到腦，則是一大課題；其實，「如何突破血腦屏障」本身已成為一個研究領域，稱為藥物遞輸系統（drug delivery system）。

我在後面也會陸續提到，星狀膠質細胞的功能還包括儲存大腦最主要的能量來源，也就是葡萄糖，再釋出給神經元。目前已知的是，能夠通過血腦屏障的物質，必須符合小分子與脂溶性高這兩項條件。天然的成分通過的機率較高，而且愈是不希望被送到大腦的物質，例如尼古丁、咖啡因、毒品等，愈能通過血腦屏障。

這些物質都是來自植物的生物鹼，其實，有許多造福人類的藥物，都是利用生物斂製造，或是來自結構類似生物鹼的人工合成化合物。另外，能夠輕易通過血腦屏障，卻可能危害人體的是酒精。雖然酒醉的機制目前尚未完全釐清，但為了捍衛星狀膠質細胞的清譽，還請各位不要貪杯，小酌就好。

向神經元供給能量

大腦消耗的能量占了基礎代謝的百分之二十，相當於肝臟和肌肉的消耗量，是相當驚人的數字。簡單來說，大腦是高耗能的器官。對大腦而言，唯一稱得上是優質能量的是葡萄糖（肝醣），也就是醣，醣類在小腸會被分解成肝醣。順帶一提，這幾年紅遍大街小巷的低醣飲食，基本上可以將之視為刻意要減少大腦工作量的方法。不過，這個方法真的行得通嗎？

一般認為大腦消耗的大部分能量都用於神經元運作時所產生的電活動，包括啟動與前置準備。換句話說，為了讓大腦迅速且正確地處理訊息，比起產生動作電位，盡快恢復到靜息電位好讓下一個動作電位產生，也就是維持恆定性，才是最重要的任務。

動作電位的產生，主要是藉由鈉離子與鉀離子的流動，因原本預設的狀態就是細胞膜內外的離子濃度不同，所以產生動作電位並不會消耗太多能量。事實上，被反轉的離子濃度差異反而必須藉由產生動作電位來再次逆轉，恢復原本不平衡的狀態，這個過程會消耗不少能量。有些神經元一秒會發射四百次動作電位，但每一次都必須回到靜息電位，否則不會產生下一個動作電位。

我以前曾在家庭餐廳的內場打工，遇到連假期間的晚上，我們常常接訂單接到手軟。餐廳都會備很多料，所以供餐不會很費力，而最難搞定的是洗盤子的速度能不能跟上，如果跟不上就無法出餐了，尤其是裝啤酒的大酒杯常常不夠。當我以客人的身分去餐廳用餐時，偶爾會發現送上來的盤子還是熱的，或者拿到的玻璃杯和啤酒杯和平常使用的是不同款，這時就會暗自心想：「啊，洗碗組的夥伴今天大概洗碗洗到懷疑人生了吧。」我以前打工的餐廳，都是由最資深的老手負責洗碗工作，所以我以前的認知是，如果上頭可以放心讓你一個人負責洗碗，表示他已經認可你有獨立作業的能力。

言歸正傳。雖然大腦是高耗能的器官，但神經元並不是直接與血管相連，所以很難直接攝取能量。雖然我有點訝異，心想大腦不可能無計可施吧，不過一般認為的攝取方式是星狀膠質細胞會纏繞在血管周圍，吸收肝醣再轉換成神經元可用的型態。原來肝醣並不是直接供應神經元使用的能量，知道這點又讓我再一次驚訝。

如同前述，神經元在活動的過程中會釋出麩胺酸與各種老舊廢物，但基本上都是釋出後就不管了。如果沒有妥善處理，神經傳遞就無法繼續進行。這時，身為最強清潔工的星狀膠質細胞便一肩扛起清潔的重責大任，把過量的麩胺酸和老舊廢物清除得乾乾淨淨。星狀膠質細胞會利用水的進出吸收多餘的離子，藉由吸收與清洗麩胺酸，迅速讓腦內環境恢復原狀。我相信大家都同意，參加派對是很開心的事，但想到結束後的整理就覺得很麻煩吧。但星狀膠質細胞就是負責收拾殘局的角色，只能說有它的存在真好。

星狀膠質細胞是大腦的守護者

如同上述，星狀膠質細胞就像神經元的保母，除了供應食物，也負責收拾善後，可說是照顧得無微不至。說到對星狀膠質細胞的印象，我馬上想到了母親。如果星狀膠質細胞也會鬧脾氣，大聲宣布「我不幹了」，神經元一定撐不了多久就一命嗚呼了。

二十世紀是電生理學大放異彩的時代，所謂電生理學，就是利用電測量和刺激腦部活動，進行研究的學問，在這個時代也誕生了多位諾貝爾獎得主。或許這也或多或少影響了「神經元中心主義」的崛起，甚至成為腦科學的主流，認為檢測不到腦電波的都不能稱之為「腦」，而且神經元才是大腦的主角。也許從頭讀到這裡的讀者當中，也有人開始好奇「到底星狀膠質細胞和神經元誰才是主角呢」。

事實上，目前已經逐漸發現憂鬱症等神經疾病、阿茲海默症等神經退化性疾病和失智症等多數的腦部疾病，都和星狀膠質細胞的功能障礙脫不了關係。前面已經提過，再好的藥物如果無法直接送到腦部也是枉然，而星狀膠質細胞是與血管直接連接的腦細胞，所以已有人把開發新藥的目標放在直接對星狀膠質細胞發揮作用，並開始受到注目。

當然，神經元和突觸傳遞在迅速處理精密資訊上都扮演著重要角色，這點毋庸置疑。因此，神經元很重要，但是星狀膠質細胞和神經膠質細胞也很重要，如果你能把它們想成一個分工合作的團隊，就再好不過了。

3 星狀膠質細胞與頭腦的聰明程度有關

也和知性的進化有關嗎

我在前面一再強調星狀膠質細胞對神經元而言是如何強而有力的支援力量。但除此之外，星狀膠質細胞也和頭腦聰明與否息息相關。

接下來要重提前面說過的ＩＱ，目前已經證實ＩＱ高的人，大腦皮質的體積也比較大。雖然下巴突出、頭大的人比較聰明都是無稽之談，但可能還是有不少人覺得頭腦聰明的人，大腦一定塞得滿滿的。不過，根據在德國進行的研究顯示，ＩＱ相對較高的人，腦部迴路的密度卻低於預期。簡單來說，ＩＱ相對較低的人的腦部迴路，都呈現未經最佳化的繁雜狀態。換言之，ＩＱ高的人，腦部迴路井然有序，能夠發揮最大的效率支援大腦。

話說回來，他們的不但體積大，神經迴路的密度也低，說得難聽點，或許這就是一般常說的「腦袋空空」吧，這個說法和各位的直覺是不是剛好相反呢。實情究竟是什麼呢？我相信從頭讀到這裡的讀者，或許已經想到這樣的可能性：如果神經元的數量沒那麼多，該不會數量更多的是神經膠質細胞呢？

接著我想把焦點放在星狀膠質細胞的演化。神經膠質細胞的功能與星狀膠質細胞相似，在水蛭和線蟲等原始動物身上也能發現其存在。目前已經發現，構成水蛭神經系統的神經節，大約含有四百個神經元與十個神經膠質細胞，換言之，神經元和類星狀膠質細胞的神經膠質細胞之比例是一：〇．〇二五。

不過，目前也已確認就哺乳類而言，大腦皮質中的神經元與星狀膠質細胞的比率已出現變化，後者的占比呈飛躍性提升。舉例而言，大鼠等囓齒類動物和兔子的比例是〇．三，鳥類是〇．四至〇．六，貓大約是一．一，而人類已經增加到一．三至二．〇。如果超過一，就代表貓和人類的星狀膠質細胞的數量，已經超越了神經元。

如果只看這點，把星狀膠質細胞視為知性在演化上的重要關鍵也無可厚非。但是，基於有報告指出大象和鯨魚的比例是四．〇至七．五，或許這也說明了不僅關係到智商高低，星狀膠質細胞的數量也必須隨著大腦的能量需求、代謝功能和處理老舊廢物的必要性等因素不斷增加。無論如何，如果以體重為基準，只有人的大腦皮質的體積大得不尋常，此外，相較於神經元的數量，星狀膠質細胞的比例也明顯高於其他動物，著實讓人很想探究其中是否蘊藏著什麼秘密。

順帶一提，直到不久之前，一直流傳著人腦中神經元與神經膠質細胞的比例是一：九的說法。目前已證實這個說法並不正確，平均而言，神經膠質細胞大約占了大腦的一半。問題是坊間的書籍和電視節目等媒體，還是依照當時的誤解，煞有其事地告訴民眾「我們的大腦只用了百分之十」。首先我想澄清的是，神經膠質細胞沒有被使用是錯誤訊息，因為如果腦中出現沒有被使用的區域，該區就會壞死，這可是很嚴重的事啊。

所有的細胞並不是同時活動是不爭的事實，不過說大腦經常全力運作也不是誇大其辭。不過，大腦的運作方式會依照身體狀況改變，例如我們在睡眠時也會進行特有的腦部活動。說到睡眠，很多人都以為那是大腦的休息時間，其實絕非如此，因為我們的大腦時時刻刻都在運作。

愛因斯坦的神經膠質細胞

說到大腦，或許有人馬上會想到鼎鼎大名的愛因斯坦。愛因斯坦號稱是二十世紀擁有最高知性的人，為了解開其知性之謎，愛因斯坦的大腦切片被分發給世界各地的研究人員，進行了詳細的研究。眾多研究人員全力以赴，希望能找到愛因斯坦異於常人之處，但是他們並沒有從愛因斯坦的神經元，找到有別於一般人的明顯差異和變化。

不過，把焦點放在神經膠質細胞的團隊卻大有斬獲。他們發現愛因斯坦大腦皮質某個部分神經膠質細胞的數量，竟然是一般人的兩倍；值得玩味之處是只有特定區域，而不是大腦的全部。不過後來有人加油添醋，宣稱該處是與靈感有關的區域。無論如何，愛因斯坦的大腦可說是千載難逢，已經接近都市傳說的等級，而非光靠現有的資料就能作出科學上的結論。真不愧是愛因斯坦啊。

人類星狀膠質細胞的特徵

基本上，每一種動物的神經元都是同樣的形狀，即使對研究員而言，想要正確區分人與老鼠的神經元也很困難。至於神經元的功能，每一種動物也是大同小異，不外乎接收並整合訊息，以及傳達出去。我認為這個部分幾乎沒有精進的空間，因為這個部分愈簡單愈實用。

舉例而言，單一個體的螞蟻和魚動作很單調，但一旦聚集數量超過一定程度，行為表現就會像是具備高度知性的集合體，這種現象稱為湧現。驅動目前的ＡＩ的要素與規則雖然非常簡單，卻能完成非常複雜的事。

另外，還有研究團隊比較了人與老鼠的星狀膠質細胞，得到了極具震撼性的研究結果（圖十二、圖十三）。只要看照片即可一目了然，人的星狀膠質細胞比老鼠的大，形狀也更為複雜，具備更多的突起。當然，人腦中也存在著形狀與老鼠相同的星狀膠質細胞，但驚人的是，研究團隊也找到一些只有人和部分黑猩猩才有的星狀膠質細胞。這讓我強烈懷疑，這些星狀膠質細胞可能掌握了某些重要關鍵。

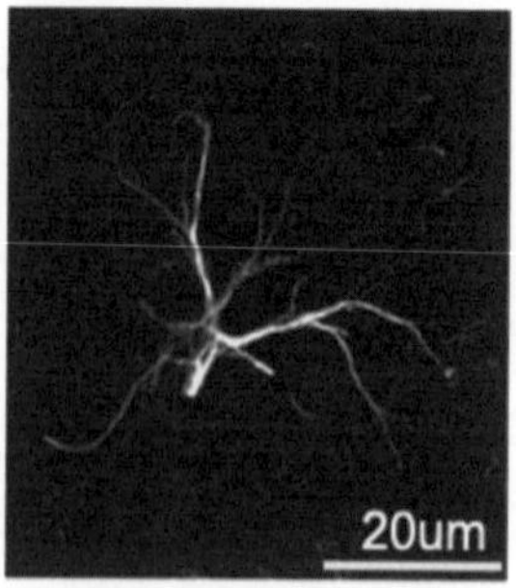

【圖十二】老鼠的星狀膠質細胞（μm= 微米）

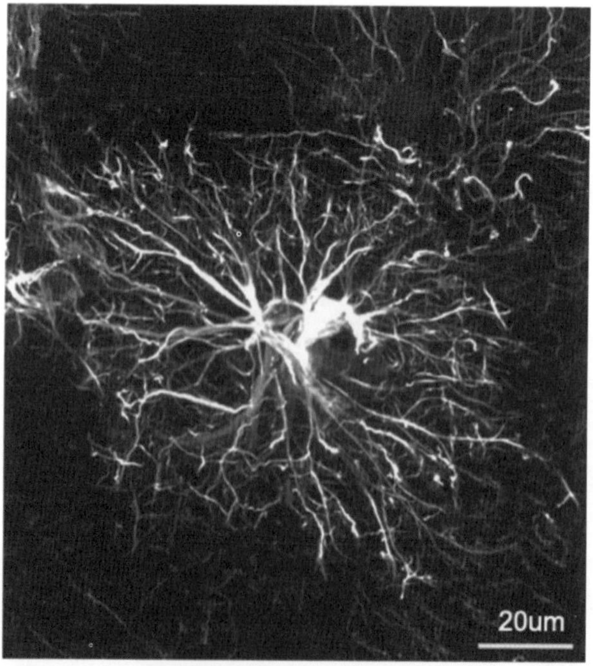

【圖十三】人的星狀膠質細胞（μm= 微米）

比起發現僅出現在特定生物的特殊現象，生物學是一門更重視釐清所有生命共通基礎原理的學問。經常有人問我：你既然在研究大腦，為什麼不用人腦呢？但如果從目的是找到共通原理的觀點來看，我可以使用老鼠和昆蟲的腦，不必非使用人腦不可。因為從細胞的觀點來看，所有的生命應該都有一套同樣來自祖先、代代相傳的繁衍機制。只是當我們發現有些只有人類才有的細胞時，會感到有點困惑。

我相信一定有些人會很好奇，如果老鼠獲得了原本只有人類才有的星狀膠質細胞，會發生什麼事。其實，還真的有人試過把人腦結構移植到老鼠的大腦上。

4 星狀膠質細胞何時會活化

星狀膠質細胞會影響突觸可塑性

二〇一三年在美國進行了一場宛如科幻電影情節般瘋狂的實驗，這項實驗的研究團隊把採集自人類胎兒的神經膠質前驅細胞，移植到大鼠的腦內。所謂神經膠質前驅細胞，就是預定之後會分化成星狀膠質細胞的細胞，移植到大鼠的腦內後，就成為人類的星狀膠質細胞開始增殖。

當然，大鼠腦中也應該存在著來自自身、原本會成為星狀膠質細胞的細胞，但研究報告顯示這些細胞卻被趕到邊緣，腦中的細胞絕大多數都是人類的星狀膠質細胞。這些部分大腦被「人類化」的大鼠大約被飼養一年後，研究團隊對它們進行了有關記憶／學習的行為試驗，結果發現其學習效率是一般大鼠的約二・五倍。另外也有報告指出，它們的突觸可塑性也變得更容易實現。

雖然有點離題，不過把人的基因和細胞，或者利用Ips細胞培育的人工腦組織移植到大鼠和猴子身上，檢證它們的智力與腦部健康會出現何種變化的實驗發展得愈來愈蓬勃，每年都在增加。雖然距離可應用在人體身上還早得很，但我已經忍不住開始幻想，說不定以後名人的星狀膠質細胞也會成為可買賣的商品。例如藤井聰太（日本將棋棋士）的星狀膠質細胞定價是三百萬日元；大谷翔平的更貴，要價五百萬日元等。只是隨口說說當然沒關係，但想到我們是否可以隨意進行基因編輯，想把什麼動物人類化就放手去做，或者移植腦細胞，我想這絕對是今後必須嚴肅以對的課題。

如果星狀膠質細胞真的會對知性發揮影響力，又會表現在哪些方面呢？首先如同前述，透過能量供給與代謝老舊廢物，提供有利於神經元發揮作用的環境是方法之一。星狀膠質細胞和血管、突觸相連，神經元間靠突觸連接，所以突觸的傳達效率在學習與記憶的表現上，扮演著很重要的角色。而突觸的傳遞效率並非保持固定，而是會依照狀況增加強或弱化。事實上，我們已經慢慢發現，星狀膠質細胞會對突觸起作用，影響其可塑性。

有人認為星狀膠質細胞不僅會整理環境，本身也會釋放傳遞物質，參與大腦的訊息傳達。星狀膠質細胞所釋放的傳遞物質稱為「膠細胞傳遞物質」（gliotransmitters），包括神經元傳遞訊息時使用的麩胺酸和GABA等。此外，目前也已發現有各種會影響突觸傳遞與周圍星狀膠質細胞的傳遞物質。

如同上述，如果星狀膠質細胞能夠主動控制突觸可塑性，那麼突觸的強度也會取決於星狀膠質細胞的微調。可塑性的調節有時會被稱為「再可塑性」（metaplasticity），所以這項再可塑性也可說是由星狀膠質細胞負責。

支撐強韌可塑性的新奇體驗

那麼，星狀膠質細胞到底是如何判斷要在什麼時候強化那些突觸呢？其實，星狀膠質細胞活化的時機，至今尚未完全釐清。不過幾乎可以確定的是，在大腦面對危急時刻，也就是面臨低血糖、低氧、低血壓等物理性障礙的狀態，以及得到在第七章提到的、能夠喚起強烈情緒的新奇經驗時，就是活化的時機。

當我們置身於上述狀況時，活化大腦警報系統的正腎上腺素分泌量會增加，活化星狀膠質細胞。

比起透過單純反覆所得到的可塑性，伴隨著強烈情緒經驗的可塑性比較不容易失去。因為當我們接受強烈的情緒經驗時，大腦為了挺過衝擊會傾盡全力翻出過往的記憶，或是好好記住目前面臨的狀況以備日後不時之需。總之，接受前所未有的新奇經驗，意味著大腦必須發揮可以承受不確定的能力。也有人認為獲得星狀膠質細胞支援的突觸可塑性，可能持續性更好，或許這就是「強韌可塑性」的真相吧。

如果繼續擴大想像，假設一個星狀膠質細胞可連接數百萬個突觸，或者擁有長達一公分的突起，說不定就能夠替相距甚遠的細胞們搭起連結的橋樑，進行資訊的統合。

另外我也想到，不知道我們是否能夠期待星狀膠質細胞能夠扮演中間人的角色，促成人類特有的高度感覺統合、神來一筆的「靈感」等。雖然研究還在起步階段，但只要想到星狀膠質細胞掌握了解開大腦謎團的重大關鍵，我也不禁熱血沸騰起來。

負責大腦持久力的星狀膠質細胞

長期被飼養在安穩的環境下，受到過度保護的實驗鼠已經失去野性，就算基因遭到人為操作，導致星狀膠質細胞功能出現障礙，也有可能在絲毫不受到影響的情況下度過一生。交配也不成問題，甚至還能順利繁衍下一代。

但奇怪的是，這些實驗鼠只要承受些許身體壓力，個性就突然變得很暴躁，或者很快就顯得有氣無力。和同樣飼養在安穩環境下的普通實驗鼠相比，無精打采的程度更高。相較於只要壓力源消失就會自然恢復正常的實驗鼠，這些星狀膠質細胞無法發揮正常功能的實驗鼠，卻從此一蹶不振。

如果把範圍縮小到細胞級別來看，舉例而言，如果藉由潑灑高濃度的鉀溶液等方式，刻意破壞腦內環境的平衡，神經元會暫時陷入抑制狀態，停止電活動。但好在有星狀膠質細胞搶修，努力讓環境恢復原狀，所以神經元很快就能重啟電活動。但是如果連星狀膠質細胞這個靠山都沒了，那麼神經元即使等到天荒地老也好不了，這就是為什麼那些實驗鼠難以從身體壓力中復原的可能原因。

雖然目前尚未完全了解當我們承受了身體壓力和大腦處於疲勞狀態時，大腦會囤積什麼樣的老舊廢物，身體又會出現哪些不適，但是星狀膠質細胞的狀況很可能在我們不知不覺中每況愈下。或是如第五章所述，它也和身體一樣，如果長期一直做同樣的事，很可能就會忘記還有其他的用途。

有人認為星狀膠質細胞如果沒有定期得到活化，功能就會出現異常。為了活化星狀膠質細胞，最好的方法就是出其不意地讓大腦接受非日常的經驗，以及在不危及生命的前提下，讓大腦陷入緊急狀態。除了讓大腦接受震撼教育，促發愉悅和興奮等強烈情緒也值得推薦。即使迪士尼樂園很好玩，如果每天都去，久了也會膩。

但是偶爾一個人到國外旅行，或者就在自家附近體驗迷路的滋味都是不錯的選擇。總之，非日常的體驗很重要。從消除大腦疲勞的觀點而言，我認為這也是值得推薦的方法。

雖然很可惜，星狀膠質細胞的數量無法增加，但我想只要善用現有的星狀膠質細胞，不就是提高大腦持久力的秘訣嗎？

＊第八章的小結＊

- 腦內存在著功能長期受到忽略的神經膠質細胞，它在腦部的訊息處理與維持健康機能上扮演著重要角色。
- 被稱為星狀膠質細胞的神經膠質細胞，身負去除大腦的老舊廢物、維持腦內環境、積極參與訊息處理等多項重要職責，是維持大腦健康與功能所不可欠缺的存在。另外亦可能在腦部發展與知性的演化上扮演著重要角色，ＩＱ高的人，很可能也擁有較多的星狀膠質細胞。

● 產生強烈的情緒與新奇體驗會使星狀膠質細胞活化，有可能成為維持可塑性的助力。星狀膠質細胞對提高大腦持久力，使我們從身體壓力與大腦疲勞中復原也發揮很重要的功能。

最終章

AI時代真正需要的「聰明頭腦」

截至目前為止，本書已經嘗試以各種角度探討大家眼中的聰明人，他們的大腦究竟有哪些過人之處。為了替本書畫下完美的句號，我想還是不能略過人工智能（ＡＩ）不談。在我剛動筆寫這本書的時候，ＡＩ還沒有受到太多關注，但等到ChatGPT推出之後，大型語言模型立刻如野火燎原般延燒全球。除了繪畫和音樂等創作，甚至連研究論文也都能夠由ＡＩ代勞執筆，可想而知這樣的變革自然引起廣大議論。ＡＩ沒有實體，我猜要涉足運動界恐怕還需要好一段時間，所以我打算把握現在，利用自己的身體「遊戲人間」。最後，我想在最終章，重新思考ＡＩ時代所需要的真正知性究竟為何。

1　ＡＩ和大腦有什麼不一樣

ＡＩ真的是另一個大腦嗎

二〇一六年，人工智能「AlphaGo」打敗了圍棋世界的棋王李世石。消息一出，舉世嘩然。開發這套人工智慧圍棋軟體的DeepMind公司共同創辦人德米斯．哈薩比斯（Demis Hassabis）從小就是眾人眼中的神童，他的豐功偉業可說多到數不清，包括從四歲起一頭栽進了西洋棋世界，沒想到才學不到兩個星期，棋技就增進到打敗成人的程度；十三歲時便在同年齡段中取得排名世界第二的佳績；十五歲時取得了劍橋大學的入學資格，花了兩年學習後撰寫的腦神經論文也順利得獎；年紀輕輕就創業，還以五百億日元的高價賣掉成立僅三年的公司等。說他是當代公認的天才，絕對實至名歸。

我想DeepMind公司的Deep，指的是深度學習（deep learning），也就是一種AI學習技術。如第三章所介紹，AI的操作建立在演算法上，而這種演算法便是模仿神經元藉由動作電位傳遞訊息的突觸傳達神經網絡。這種類神經網絡以0／1表示動作電位發生的有／無，再經過加權計算，如果超過閥值就以1傳達，如果沒有超過，就當作沒有動作電位產生。

類神經網絡學習的是突觸各自的「加權值」規則，也就是相當於記憶。如第三章所述，學習規則是基於赫布理論，出現頻率較高者會有較高的加權，反之則會被削弱，甚至淘汰。隨著電腦性能不斷提升，我們現在已經可以利用電腦高速平行的運算能力，所以ＡＩ辦得到的事情確實增加了，不過背後演算法的基本概念，從一九五〇年代以來都沒有太大的變化。

ＡＩ擅長解決有答案的問題

ＡＩ和大腦的差異在於，ＡＩ學習時需要大量訓練資料。我很喜歡勞拉．舒茲（Laura Schulz）在「ＴＥＤ」上一段長約二十分鐘的演講，主題是「嬰兒比你想的更有邏輯思維」。即使是嬰兒的腦，只要經過幾次短暫學習，就懂得利用統計預測。如果要ＡＩ做一樣的事，可預期的是大概需要幾萬次的事前學習。

我聽說自動駕駛的技術最近也不斷提升，不過很多人都說目前還難以克服的是預警式駕駛（proactive driving）。所謂預警式駕駛是一種預先採取措施以避免危險發生的駕駛策略，但是說到要應付訓練資料以外的突發狀況，解讀對方的意圖，不得不說現階段還是人做得比較好。人即使面對從未經驗過的事，也能透過少數事例進行預測，採取行動。這都是拜大腦的預測能力所賜，能夠從少數經驗中擷取出框架加以一般化，以便記憶和學習，或許大腦的節能特性也出了幾分力。

已經成為某些人生活中不可或缺一部分的語音助理和自動翻譯軟體，只要我們用得愈多，它們就會變得更聰明（也有一種說法是人類的錯誤過於多樣化，所以會令它們愈來愈笨）。就連打敗世界棋王的AlphaGo，也不過是從事前學習的幾億種選項中算出贏棋機率最高的一步。拜電腦與網路性能突飛猛進、能夠執行高速運算所賜，雖然一切看似臨場思考的結果，但只不過是「心智理論」惹的禍。

如前項所述，只要ＡＩ還是基於赫布的學習理論，只使用一小部分神經元具備的特質，那我們只能說大腦與ＡＩ存在著本質上的差異。就像大腦不可能變成ＡＩ，ＡＩ也很可能無法變成大腦。不過，如同本書一再強調的，大腦具備很多ＡＩ沒有的能力，所以大腦沒有成為ＡＩ的必要，只要讓ＡＩ發揮所長就好了。簡單來說，雙方沒有必要站在同一個舞台競爭。

ＡＩ教我們的人性

就像我們在大型連假出遠門，回到家後就會深深體會到什麼是「金窩銀窩不如自己的狗窩」；在異鄉打拼的游子，回國後才會真切感受到家鄉的美好，其實我也很期待當人類首次擁有看似具有智慧的ＡＩ時，終於發現原來有些事情只有大腦才辦得到。

當然ＡＩ擅長的事不過是大腦辦得到的事的其中一部分，但為了使其發揮與大腦同樣的功能，光是知道即使沒有採用類似大腦的形式與方法，也能達到一定的程度就是一大收穫。舉例而言，昆蟲的翅膀與鳥的羽翼都是用來飛翔的器官，但是兩者的結構與形成方式完全不同。

ＡＩ一開始也是模仿大腦的功能而設計，但到了現在幾乎可說是截然不同。不過有一點值得玩味的是，歷經漫長的演化過程，促使大腦不斷進化的學習，竟有一部分能夠靠著與大腦完全不同的工具實現。我想這點或許也會成為今後腦科學研究的靈感吧。

人腦並不是完成品，仍在持續演化中，而且大腦的形成也不是百分之百合理。就像我們有時會產生錯誤記憶，而大腦因為過於重視節能，導致思考短路、過度一般化、產生想法過於極端的認知偏誤、作出不合理的判斷等情況也不在少數。

當然，或許正確的做法是坦承自己也有脆弱的部分。不過，看了ＡＩ的發展情況，大腦有些沒那麼完美的部分反而讓我覺得更可愛了。

大腦是否不會發生「災難性遺忘」

比較ＡＩ與大腦的差異時，經常會有人提到「災難性遺忘」（catastrophic forgetting），這是一種模型在學習新任務時會遺忘原本已經具備的能力的現象。為了克服這個問題，科學家也想出了好幾個解決方法。不過話說回來，有誰可以斷言大腦不會發生災難性遺忘呢？

我們的細胞每天都會新陳代謝，例如舌頭的細胞每兩週就會更新、皮膚細胞的更新週期是四週。但是，既然細胞都會更新，我們還能信誓旦旦地說現在的自己和十年前的是同一個自己嗎？雖說腦細胞和心肌細胞的更新並不頻繁，不過就算就寢前的身體在就寢後被替換了，或許我們也渾然不覺呢。之所以會覺得自己自始至終都是同一個人，原因只有一個，那就是我們的情節記憶從頭到尾都保持一貫。但如同第四章所述，記憶並不是記錄，所以連我們自認有「一貫性」的記憶，或許也不過是大腦依照自己方便所作的解釋。

我們已經學到，大腦有時甚至不惜逆轉時間順序，以作出對自己有利的解釋。所以我們自認「我自始至終都是原來的我」的記憶，甚至連自我意識都是大腦的創作。實際情況比較接近大腦誕生以後，發現有位仁兄透過各種壓力反應培養適應外界變化的能力，而且還主動解決了各種麻煩，堪稱最強工具人，最後大腦決定把他命名為「自我」。

總之，大腦靠著不斷改變以實現不變的事。本書把大腦面對困難接踵而來、隨機應變的可塑性稱為「強韌的可塑性」，而我也一再強調這就是達到真正聰明的原動力。「智囊記憶」和腦內地圖，都在嘗試錯誤的過程中隨時被改寫。如此一來，我認為依照狀況靈活應變才是本質，或許「不會改變的自己根本不存在」是更為貼切的說法。雖然我們不得而知，但說不定大腦也不斷重覆著災難性遺忘。

2 不變的自己真的存在嗎

生態系統理論

就像纖維結構穩定的免燙襯衫和裝了形狀記憶合金的鋼圈內衣一樣，如果大腦擁有災難性遺忘發生後會自行恢復原狀的系統，或許就能說明始終一貫的自我從何而來。自我組織（self organization）與限制條件是此時發揮重要力量的想法，如果可以控制為了在腦中產生預測的環境限制，神經元的網絡就會在這個制約中自動找出最適合的形式，發揮最佳表現。

運動的領域中，最近有一個頗受注目、以制約為主導的概念，稱為生態取向（ecological approach）。舉例而言，如果想到筆直站立這個動作，每個人想到的方法可能都不一樣，像是「屁股用力、腰部不要往前傾、想像自己被往上拉的感覺、收下巴」等。但是，當我們在「單腳站立在搖搖晃晃的瑜珈磚」的制約下，只要有人提出一個簡單的規則，例如「請不要從瑜珈磚上掉下來」，不用旁人提醒，我們也不得不想辦法做到屁股用力、腰部不要往前傾、想像自己被往上拉的感覺、收下巴，以做出最標準的姿勢。

同樣的道理，當我們想投出直球時，常常會收到把手肘抬高一點、夾緊腋下等口頭建議，但如同前述，這樣很容易讓我們把注意力集中在身體內部的感覺。我自己也曾經在打高爾夫球的時候遇過類似的經驗，我要揮桿的時候，有好幾位旁觀者一直幫我下指導棋，害我聽到最後更不知道自己該怎麼打了。如果有人在前方放一顆氣球（制約），再對我下一道簡單的指令「把球擊出去的時候一定要打中氣球」，我想打出去的球一定有較高機率是直球。

這種指導方法不僅用在運動領域，我想也很適合應用在教育、各種才藝方面。我認為要成為好教練，條件就是能夠向學員提出有用的制約與簡單的規則。如果老師要托兒所和幼稚園的小朋友收拾丟在地板上的玩具，我相信直接對他們說「快點收玩具」，恐怕小朋友會無動於衷。但是，如果先播放音樂，再對小朋友們說「我們來比賽看誰在這首歌播完之前收好最多的玩具」，讓小朋友把收玩具當作是場遊戲，我相信每個小朋友都會自動自發。而且他們的行為是基於內在動機，所以沒有人會覺得自己受到強迫。

如果應用在社會上，你是否能想得到會發生什麼事呢？本書已一再強調，本質上人與人之間無法互相了解，因為大腦有三個過濾器，即使看到一樣的東西，感受也各有不同。各位也可以換個方式思考，既然大家都不一樣，那麼就不必在意過程，只要最後得到同樣的結果就好了。以運動和幼稚園為例，即使訂下規則也行不通，甚至還可能引起對方的反感，覺得自己受到束縛。但是，如果規則只有一項，而且一聽就懂，那麼只要再配合良好的環境制約，或許他們就會主動做到最好。

其實，只要施以高明的制約條件，對象就會自發性地採取最佳行為的原則也存在於自然界，這種現象稱為「自我組織」。就算災難性遺忘在腦內發生，只要從外部施以適當的制約，內部就會形成自我組織，而且可能發揮生態系統的力量，採取對結果而言最為有利的形式。負責產生制約條件的，就是第八章所述的星狀膠質細胞，一般推測它會從外部促成神經元活動形成自我組織，藉以發展「智囊記憶」。

大腦有兩種學習模式

有人指出ＡＩ之所以必須反覆學習大量數據資料，是因為只用了赫布的學習理論。另外如第三章所述，時空學習理論會把輸入的同步化用於學習，所以有機會減少事前學習。相較於赫布的學習理論屬於為了找出相似物的逆行性（反饋），時空學習理論則是為了找出差異的順行性（前饋）系統。為了形成判斷相似物的「模式完成」（pattern completion），必須學習大量的統計學知識，但如果是判別差異的「模式分離」（pattern separation），可以減少嘗試錯誤的次數。

大腦與ＡＩ的差異在於，可以不靠反覆學習，只憑一次經驗瞬間學習，維持長期記憶。例如旅行途中的記憶、伴隨著強烈情緒的記憶，即使沒有再次體驗，也可能持續終身。我認為其中的機制可能和星狀膠質細胞有關，因為藉由情緒激發使被釋出的神經傳遞物質發揮作用，可讓星狀膠質細胞得到活化。

突觸可塑性是記憶與學習的基礎，而一般的理解是反覆刺激為誘發突觸可塑性的必備因素。星狀膠質細胞釋放的膠質遞質當中，也包含不必引發神經元電訊號就能誘發突觸可塑性的種類。這點意味著如果透過這類機制，即使沒有一再激發情緒和伴隨著強烈關注的經驗，也能夠進行學習。

根據現在的研究，我們已經開始了解，以八：二的比例並用赫布的學習理論與時空學習理論，能夠顯著提升學習效率。如果這個嘗試進展順利，或許能夠為AI的開發增添幾分人味，實現「預警式駕駛」這種自動駕駛技術、減少學習也能進行預測。

本書一再強調大腦持久力才是AI時代真正需要的知性。立刻尋求唯一解答並不符合時代潮流，先擱置如何解決問題的煩惱，主動探索沒有明確答案的課題才是時代所趨。例如前幾年肆虐全球的新冠病毒、詭譎多變的國際情勢等，都不是可以馬上迎刃而解的問題。

另外，溝通能力與領導能力，也必須具備勇於摸索、嘗試，鍥而不捨的持久力。依照詩人約翰·濟慈（John Keats）的說法，這樣的能力就是「消極感受力」（negative capability）。我認為星狀膠質細胞在這項能力中也扮演著很重要的角色，原因是星狀膠質細胞負責向神經元提供能量，清除大腦的老舊廢物，等於也參與了整頓腦內環境，讓反覆思考與強韌可塑性得以維持。

「知人者智，自知者明」

「知人者智，自知者明」是我很喜歡的經典名句，這段話出自老子的《道德經》，意思是「了解他人的人很聰慧，而了解自己的人具備真正的智慧」。

本書的主題是討論何謂頭腦聰明，我想真正的聰明也包括了解自己。為了強化溝通能力與領導能力的韌性，有必要提高對自己身心兩方面的解析度。另外也要把握自己建立的腦內部模型和「智囊記憶」，對自己的大腦與身體具備的特性瞭若指掌。為了適時更新「智囊記憶」，我建議各位除了主動找機會體驗各種隨機經驗，最好也學習活動身體的方法，以及增進有關描述情緒的詞彙。

「智囊記憶」一詞在本書總共出現了好幾次，活在由這種記憶所創作的世界，追求有助於記憶更新的新奇經驗，都能夠讓我們離快樂、振奮、幸福更近一步，或者說我們是受到「智囊記憶」的鼓舞而不斷向前進也不為過。

每個人都只有一個大腦和身體，而且會一輩子陪伴著我們。如果我們無法隨心所欲地活動自己的身體，或是總是有些未知部分從未探索，就這麼過完一生也未免太可惜了。不論是自己的大腦還是身體，請各位都把它當作自己專屬的實驗設施，不要害怕失敗，盡情摸索、嘗試吧。

＊最終章的小結＊

- ＡＩ利用以類神經網絡為基礎的演算法運作，使用深度學習進行訓練，預測與處理未知狀況的能力遜於人腦。讓ＡＩ發揮所長，可能會更加突顯出人味和大腦特有的能力。
- 如運動指導與幼稚園的例子所示，簡單的規則搭配環境制約，能夠讓目標自發性地採取有效行動，這種方法稱為「生態取向」；同樣地，星狀膠質細胞也會促成神經元活動的自我組織，為提升學習效率和形成記憶貢獻幾分力量。
- 大腦的持久力，就是鍥而不捨地處理沒有明確答案課題的能力，這部分才是ＡＩ時代所需要的知性核心。

●讓自己的身體與大腦從多次的嘗試錯誤中加深對自身的理解，有助於作出更適當的決策與自我成長。

結語

當社會與經濟發展陷入停滯，讓人覺得前景堪憂時，人就會想要追求立刻呈現在眼前的答案。我大概在十年前踏上研究的道路，當時曾因別人一句無心之言——「研究這個到底有什麼用啊」——而深受打擊。據我所知日本曾經有過這樣的時代——就算不清楚能夠派上什麼用場，只是為了滿足好奇心的研究都值得鼓勵。就是在這種自由、寬鬆的環境下，人可以毫無保留地發揮創造力，最後成就重要的發明，或找到重大發現。其中有些更促成了諾貝爾獎得主的誕生，也有些成為救人無數的新發明，為人類作出莫大的貢獻。

我到現在還記得當年還在念書時，指導教授曾對我說「社會景氣愈差的時候，愈應該把資源投資在年輕人身上（教育）」。直到現在，我還是非常感謝願意提前布局，對我投資的老師。之後的十年——不只，即使到了現在——苦日子還沒結束，但如果整個社會對人的投資再多一點，或許現在就能脫離苦海也說不定。為什麼把資源投資在擁有未知潛能的年輕人、也就是投資在教育上會如此窒礙難行呢？

我想原因還是和大腦的性質有關。「延遲折扣」（delay discounting）是心理學的知名實驗之一，也就是當人被問到想要現在立刻拿到一萬元，還是一年後拿到一萬二千元時，大部分的人都會選擇「立刻拿錢」，這就是獎勵在心中的價值會隨著時間延遲而降低的心理現象。減重無法成功，也是基於同樣的原理。

如果有答案就立刻想揭曉，要人接受沒有答案的事確實是種煎熬。當我看著學生，我常常感覺到他們向我傳達這樣的無聲訊息，像是「我想知道答案，就算是錯的也沒關係」、「我想快點知道答案，哪怕只快一秒都好」。這種把效率放在第一位的傾向叫做時間表現，上網觀看「用X分鐘看完一部電影」的影片、用兩倍速看完用十分鐘介紹時下流行小說的影片，都算是這股風潮下的產物。失敗就是沒有效率，是絕對不被允許的行為。提升效率幾乎稱得上是社會風氣了，但是，在愈是艱困的時候，如果不願意把資源投資在人身上，只會造成社會的空洞化。

大腦本身是很優秀、蘊藏著無限可能的存在。邁入所謂的ＡＩ時代之後，我們有更多時間思考：有哪些事只有大腦辦得到呢？誠如本書不厭其煩地一再強調，我覺得答案就是發揮韌性，對沒有標準答案的事情下工夫。

「千里馬常有，而伯樂不常有」是我很喜歡的故事，這兩句話的意思是優秀的人才（能跑千里的良馬）雖然到處都有，但是能夠賞識其才華的人（伯樂）卻很少。後世把善於發掘人才並懂得重用其能力的人稱為伯樂。

一個人的才能通常需要一段時間才會開花結果，大腦發展完足要花三十年。因此，身為父母、老師、主管的各位，請抱著「放長線釣大魚」的心態，多拿出一點耐心等待他們實力綻放。如果只憑著一兩次的失敗就下結論，我認為過於短視。

最後我要感謝你發揮強大的韌性，讀完本書。同時，我也要在此呼籲，希望各位都能夠成為某個人的伯樂。

另外，我也要利用這個機會感謝筑摩書房編輯部的每一位，尤其是羽田雅美小姐。感謝你們耐心等候，又總是對我溫柔以待。還有，曾經教過我的老師們，不用說每一位都是我的伯樂。最後，我也要感謝長久以來全力支持我的父母與家人，謝謝你們當初還不知道我能不能做出一番成績的情況下，願意對我說「去做你喜歡的事就對了」！

二〇二三年吉日　執筆於天寒地凍、彷彿聽得到冬天鼓動的東京

延伸閱讀

第一章

大黒達也『モチベーション脳――「やる気」が起きるメカニズム』（ＮＨＫ出版新書・二〇二三年）
小塩真司他『非認知能力――概念・測定と教育の可能性』（北大路書房・二〇二一年）
中垣俊之『粘菌――偉大なる単細胞が人類を救う』（文春新書・二〇一四年）
中室牧子『「学力」の経済学』（ディスカヴァー・トゥエンティワン・二〇一五年）
Ｄ・マイヤーズ／村上郁也訳『カラー版　マイヤーズ心理学』（西村書店・二〇一五年）
森口佑介『自分をコントロールする力――非認知スキルの心理学』（講談社現代新書・二〇一九年）
ステファン・Ｃ・ドンブロウスキー「ＩＱテストの闇の歴史」（ＴＥＤ）https://www.ted.com/talks/stefan_c_dombrowski_the_dark_history_of_iq_tests?language=ja

第二章

マイケル・S・ガザニガ／柴田裕之訳『人間とはなにか——脳が明かす「人間らしさ」の起源〈上・下〉』（ちくま学芸文庫・二〇一八年）
アニル・セス／岸本寛史訳『なぜ私は私であるのか——神経科学が解き明かした意識の謎』（青土社・二〇二二年）
リサ・フェルドマン・バレット／高橋洋訳『情動はこうしてつくられる——脳の隠れた働きと構成主義的情動理論』（紀伊國屋書店・二〇一九年）
ディーン・ブオノマーノ／柴田裕之訳『脳にはバグがひそんでる——進化した脳の残念な盲点』（河出文庫・二〇二一年）

第三章

デイヴィッド・イーグルマン／大田直子訳『あなたの脳のはなし——神経科学者が解き明かす意識の謎』（ハヤカワ・ノンフィクション文庫・二〇一九年）
デボラ・ブラム／藤澤隆史・玲子訳『愛を科学で測った男——異端の心理学者ハリー・ハーロウとサル実験の真実』（白揚社・二〇一四年）
ジェフ・ホーキンス／大田直子訳『脳は世界をどう見ているのか——知能の謎を解く「1000の脳」理論』（早川書房・二〇二二年）

第四章

岩立康男『忘れる脳力——脳寿命を伸ばすにはどんどん忘れなさい』（朝日新書・二〇二一年）
アーサー・コナン・ドイル／大久保ゆう訳「緋のエチュード」"A STUDY IN SCARLET"（あおぞら文庫 https://www.aozora.gr.jp/cards/000009/files/55881-50044.html）
山本貴光『記憶のデザイン』（筑摩選書・二〇二〇年）
ディーン・ブオノマーノ／柴田裕之訳『脳にはバグがひそんでる——進化した脳の残念な盲点』（河出文庫・二〇二一年）

第五章

デイヴィッド・イーグルマン／梶山あゆみ訳『脳の地図を書き換える——神経科学の冒険』（早川書房・二〇二二年）
小鷹研理『からだの錯覚——脳と感覚が作り出す不思議な世界』（講談社ブルーバックス新書・二〇二三年）
オリヴァー・サックス／高見幸郎・金沢泰子訳『妻を帽子とまちがえた男』（ハヤカワ・ノンフィクション文庫・二〇〇九年）
V・S・ラマチャンドラン、サンドラ・ブレイクスリー／山下篤子訳『脳のなかの幽霊』（角川文庫・二〇一一年）

第六章

茨木拓也『ニューロテクノロジー――最新脳科学が未来のビジネスを生み出す』(技術評論社・二〇一九年)
アダム・オルター/上原裕美子訳『僕らはそれに抵抗できない――「依存症ビジネス」のつくられかた』(ダイヤモンド社・二〇一九年)
塚田稔『芸術脳の科学――脳の可塑性と創造性のダイナミズム』(講談社ブルーバックス新書・二〇一五年)
マット・ジョンソン&プリンス・ギューマン/花塚恵訳『「欲しい!」はこうしてつくられる――脳科学者とマーケターが教える「買い物」の心理』(白揚社・二〇二二年)
廣中直行『アップルのリンゴはなぜかじりかけなのか?――心をつかむニューロマーケティング』(光文社新書・二〇一八年)
ダニエル・Z・リバーマン&マイケル・E・ロング/梅田智世訳『もっと!――愛と創造、支配と進歩をもたらすドーパミンの最新脳科学』(インターシフト・二〇二〇年)
デイヴィッド・J・リンデン/岩坂彰訳『快感回路――なぜ気持ちいいのか　なぜやめられないのか』(河出文庫・二〇一四年)

第七章

櫻井武『「こころ」はいかにして生まれるのか――最新脳科学で解き明かす「情動」』（講談社ブルーバックス新書・二〇一八年）

リサ・フェルドマン・バレット／高橋洋訳『情動はこうしてつくられる――脳の隠れた働きと構成主義的情動理論』（紀伊國屋書店・二〇一九年）

毛内拡『「気の持ちよう」の脳科学』（ちくまプリマー新書・二〇二二年）

第八章

工藤佳久『脳とグリア細胞――見えてきた！脳機能のカギを握る細胞たち』（技術評論社・二〇一〇年）

R・ダグラス・フィールズ／小西史朗・小松佳代子訳『もうひとつの脳――ニューロンを支配する陰の主役「グリア細胞」』（講談社ブルーバックス新書・二〇一八年）

毛内拡『脳を司る「脳」――最新研究で見えてきた、驚くべき脳のはたらき』（講談社ブルーバックス新書・二〇二〇年）

最終章

植田文也『エコロジカル・アプローチ――「教える」と「学ぶ」の価値観が劇的に変わる新しい運動学習の理論と実践』（ソル・メディア・二〇二二年）

太田裕朗『ＡＩは人類を駆逐するのか――自律世界の到来』（幻冬舎新書・二〇二〇年）

塚田稔『脳の創造とＡＲＴとＡＩ』（OROCO PLANNING・二〇二一年）これは難解なので、「アートを見ているとき、脳の中で何が起きているのか?」という記事を先に読んでおくことをおすすめします。https://gendai.media/articles/-/101450

津田一郎『心はすべて数学である』（文春学藝ライブラリー・二〇二三年）

マックス・テグマーク／水谷淳訳『LIFE3.0――人工知能時代に人間であるということ』（紀伊國屋書店・二〇一九年）

橋本治『負けない力』（朝日文庫・二〇一八年）

帚木蓬生『ネガティブ・ケイパビリティ――答えの出ない事態に耐える力』（朝日選書・二〇一七年）

カイフー・リー&チェン・チウファン／中原尚哉訳『AI 2041――人工知能が変える20年後の未来』（文藝春秋・二〇二二年）

ジョセフ・ルドゥー／駒井章治訳『情動と理性のディープ・ヒストリー――意識の誕生と情動の進化40億年史』（化学同人・二〇二三年）

ローラ・シュルツ「驚くほど論理的な、赤ちゃんの心」（ＴＥＤ）https://www.ted.com/talks/laura_schulz_the_surprisingly_logical_minds_of_babieslanguage=ja

科普漫遊 FQ1092

大腦持久力

IQ 高、過目不忘就是頭腦聰明嗎？——腦科學家告訴你維持「大腦韌性」更重要！

「頭がいい」とはどういうことか —脳科学から考える

作　　者　毛内 拡
譯　　者　藍嘉楹
責任編輯　黃家鴻
封面設計　杜浩瑋
排　　版　陳瑜安
行　　銷　陳彩玉、林詩玟
業　　務　李再星、李振東、林佩瑜

發 行 人　何飛鵬
事業群總經理　謝至平
編輯總監　劉麗真
副總編輯　陳雨柔
出　　版　臉譜出版
城邦文化事業股份有限公司
台北市南港區昆陽街 16 號 4 樓
電話：886-2-25000888　傳真：886-2-25001951
發　　行　英屬蓋曼群島商家庭傳媒股份有限公司城邦分公司
台北市南港區昆陽街 16 號 8 樓
客服專線：02-25007718；25007719
24 小時傳真專線：02-25001990；25001991
服務時間：週一至週五上午 09:30-12:00；下午 13:30-17:00
劃撥帳號：19863813 戶名：書虫股份有限公司
讀者服務信箱：service@readingclub.com.tw
城邦網址：http://www.cite.com.tw
香港發行所　城邦（香港）出版集團有限公司
香港九龍土瓜灣土瓜灣道 86 號順聯工業大廈 6 樓 A 室
電話：852-25086231　傳真：852-25789337
電子信箱：hkcite@biznetvigator.com
新馬發行所　城邦（新、馬）出版集團
Cite（M）Sdn. Bhd.（458372U）
41, Jalan Radin Anum,
Bandar Baru Seri Petaling,
57000 Kuala Lumpur, Malaysia.
電話：+6(03) 90563833
傳真：+6(03) 90576622
電子信箱：services@cite.my

一版一刷　2025 年 9 月

ISBN 978-626-315-680-7（紙本書）
978-626-315-682-1（EPUB）

售價：NT 380 元

國家圖書館出版品預行編目資料

大腦持久力：IQ 高、過目不忘就是頭腦聰明嗎？——腦科學家告訴你維持「大腦韌性」更重要！／毛内 拡著；藍嘉楹譯 . -- 一版 . -- 臺北市：臉譜出版，城邦文化事業股份有限公司出版：英屬蓋曼群島商家庭傳媒股份有限公司城邦分公司發行，2025.09
面；　公分 .（科普漫遊；FQ1092）
譯自：「頭がいい」とはどういうことか：脳科学から考える
ISBN 978-626-315-680-7（平裝）

1. CST: 腦部　2. CST: 膠質細胞

394.911　　114009093